猫咪咨询室：从了解喵星人开始吧！

[日] 铃木真 / 著
[日] 来来猫大和 / 插画
谢鹰 / 译

机械工业出版社
CHINA MACHINE PRESS

发 行 人　青柳昌行
编　　辑　Hobby 书籍编辑部
主　　编　藤田明子
责任编辑　清水速登 / 玉井咲
装　　帧　木庭贵信 + 角仓织音（Octave）
协　　助　株式会社 Media Magic/ 海田恭子

图书在版编目（CIP）数据

猫咪咨询室. 从了解喵星人开始吧！/（日）铃木真著；谢鹰译. —北京：机械工业出版社，2021.1
ISBN 978-7-111-67073-5

Ⅰ. ①猫…　Ⅱ. ①铃…　②谢…　Ⅲ. ①猫－驯养　Ⅳ. ①S829.3

中国版本图书馆CIP数据核字（2020）第251439号

机械工业出版社（北京市百万庄大街22号　邮政编码100037）
策划编辑：于翠翠　　　责任编辑：于翠翠
责任校对：赵　燕　　　责任印制：李　昂
北京汇林印务有限公司印刷

2021年6月第1版第1次印刷
148mm×210mm·4.75印张·81千字
标准书号：ISBN 978-7-111-67073-5
定价：39.80元

电话服务
客服电话：010-88361066
　　　　　010-88379833
　　　　　010-68326294
封底无防伪标均为盗版

网络服务
机 工 官 网：www. cmpbook. com
机 工 官 博：weibo. com/cmp1952
金 书 网：www. golden-book. com
机工教育服务网：www. cmpedu. com

前言 猫是种什么样的动物？

自不用说，猫是现实生物！

与其他动物相比，猫似乎有许多虚拟的面目，所以我先讲一句。“猫咪经济学”一说给人猫的数量似乎在增加的感觉，可这个数量只是估计值，由于没有进行登记和调查，不能算确切的数字。屏幕上显示的猫及纸上的猫，都只是点的集合体所形成的虚像。媒体曝光次数的上升可能使人产生了错觉，实际上，如今在日本 20 多岁养宠物的人数还不到 20 世纪 90 年代的一半。

所以为了架起虚像与现实生物间的桥梁，我选择了与原稿战斗的方式——竭尽所能完成对读者有帮助的优质书稿。无论是与猫一同生活的人，还是今后准备一同生活的人，希望您能优先调整自己的情绪。主人的焦虑，对猫来说是一种压力。身为兽医，我必须有底气地向大家提供人与猫生活的相关信息，哪怕这与猫没有直接关系。猫是现实生物，和人类一样，定会迎来死亡。为了不让人们在那时候后悔，我想尽可能地提供帮助。

猫医生

目录

=3 =3

我可是公猫啊。

聊身体！

“猫也会放屁吗？”

“三花猫和三色猫的区别在哪？”

关于猫咪“身体”的神奇之处，

猫医生将继续带来直击重点的解答！

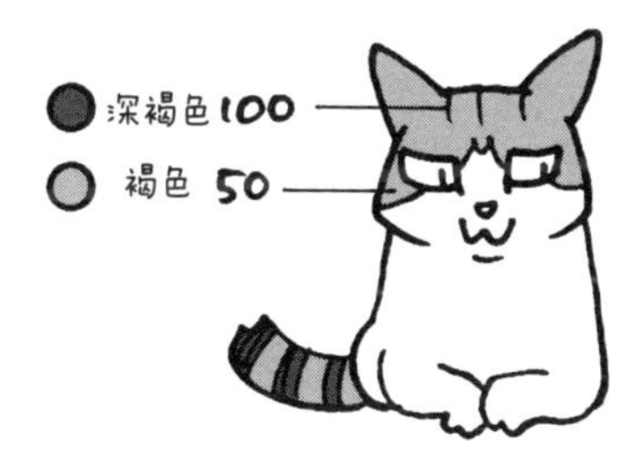

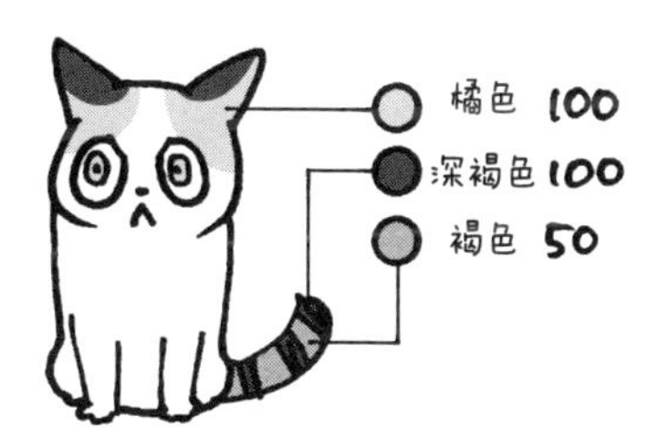

家里的两只猫都没吐过毛球，我也没喂过猫草。最近我种起了观叶植物，但是两只猫把苗都拔了出来。我应该给它们准备猫草吗?

还是别种观叶植物了吧。

有不少人问过我关于猫不吐毛球的问题，其实不吐才正常。只要悉心打理毛发，不吐毛球也不用担心。而且，猫吃草的原因不是为了吐毛球！猫的捕食行为中原本包含了拔猎物毛的举动，只是有时这种拔毛行为会以吃叶片的方式表现出来而已。

由于无法把握植物所含的成分，对于会吃叶片的猫，得避免让它吃到市面上贩卖的观赏性植物。我收集并研究过有关植物毒性的资料，可惜不明白的地方还有很多，因此要找出完全没有毒性的植物反而更难。这些毒性对人类也有害，猫应该更为敏感。医生开的药，虽然人类用着平安无事，但有很多是猫不能用的，所以治疗中毒会相当费心思。

猫一天只尿一次，次数这么少不要紧吗？

一天四次是猫的正常排尿次数。

人类的正常排尿次数是一天八次。猫基本从食物中获取水分，所以不太习惯喝水，尿量不多。根据准确的数据，猫的饮水量是一天 200~250 厘米^3。即使考虑到呼吸蒸发的水分，200 厘米^3 左右的尿量也是正常值。假如体重 1 千克左右的猫排出 60 厘米^3 以上的尿量，即为异常。感觉尿量过多时，最好去检查一次。

相反，尿量少的原因有好几种。其一是温度。不仅是室温，如果水温过低，猫的饮水量也会急剧减少。对人类而言，8℃的水有清凉感，喝起来最舒服，但猫最喜欢 25℃左右的水。其二是饮食问题。尤其在只用干粮喂猫的情况下，一些懒猫基本上很少喝水。越是吃含盐量低的优质猫粮，猫越容易如此。可是，为了让猫大量饮水而增加盐分，又会加重肾脏的负担，所以希望大家好好研究一下猫的饮食成分。

我养了只身体小耳朵大的猫，还看到过与之相反的猫，身体和脸都很大，耳朵却很小。感觉猫的身体部位体现着个体差异，这些都是有原因的吗？

都是遗传上的偏差，没什么原因啦。

不过，猫的脸也讲究黄金比例，耳朵稍微大点儿的猫看起来更可爱！而且耳朵相互垂直的最为理想。从正面看，当左右耳的三角形中心线相互垂直时，看起来会很协调。没错，有点儿像米老鼠那样。关于耳根的宽度，宽耳根比窄耳根更引人注目。眼睛越大越好，就和当今的年轻人喜欢用美瞳使眼睛看上去更大一样。在日本人们不太关注虹膜的颜色，但其他国家的人很喜欢绿眼睛和蓝眼睛的猫。口鼻（Muzzle）的形状，嘴角略微上扬的猫更加可爱。

猫的容貌各不相同，凭可爱的外貌来决定价值，这令我感到疑惑。在工作中我见过相当多的猫，却很少遇见一眼看上去就很可爱的猫。但不管怎样，哪怕是小眼睛、小耳朵，只要主人觉得自家的猫咪最可爱，不就挺好的嘛。

猫能分辨花纹吗？比如某些特定花纹的猫更受异性欢迎，对花纹与自己相似的猫感到亲切？

遗憾的是，猫似乎无法分辨花纹。

即使用推子把毛剃光，其他的猫也会像什么事都没发生过一样。实际上，我们无法确定猫能否辨认虎斑（Tabby）、三花（Calico）等花纹。

不同的人种，对猫的颜色的认知也各不相同，我们称之为抹布色的颜色，也被称为玳瑁色（Tortoiseshell），颇受欢迎。在土耳其，白色的猫拥有压倒性的高人气。土耳其人本就有养白猫的习惯，比如一种名叫安哥拉猫的品种。土耳其还有一种叫凡猫的猫，以会游泳而闻名，这种猫似乎起源于凡湖畔，通体白色，只有脑袋和尾巴上有一点杂色。这些颜色都是在人类的选择之下才出现的，猫是不可能主动留下这种颜色的后代的。

猫对异性的喜好千差万别，无法单靠外表做决定。我家历代当中心领袖的猫，都成熟稳重、体格健壮、寡言少语、性格温和，不分性别地受到了其他猫的尊敬。我也打算每天向它们学习的……

我的猫整理完毛后，舌头一直伸在外面，为什么会忘记收回去呢?

应该是舌头表面的问题吧。

猫是眼嘴之间距离很短的短吻种，有时舌头会一直伸在外面。譬如波斯猫，看照片嘴是合上的，其实是在摄影时，人们往它嘴上涂了牛奶之类的东西，好让它闭嘴。

不过，您的猫是在舔完身体后忘了收回舌头，这恐怕是舌头表面的问题。猫的舌头表面粗糙不平，是因为舌乳头的凸起比较硬和尖。舌乳头硬的猫在舔舐身体时，舌头本身就很容易干燥，变得不够顺滑，再加上舌头很粗糙，所以会难以把舌头收回口腔。因此就有了舌头略微探出，呈现微笑表情的猫。不过猫也有个体差异，分为舌头相当粗糙的猫和舌头比较粗糙的猫。所以，整理完毛后，有的猫会“忘记”收回舌头，而其他猫却“不会忘”。

猫也会放屁吗？我还没听到过屁声。

猫也会放屁，但威力不足以发出声响。

猫是肉食动物，因此肠道很短，健康时肠道内很少出现气体。嘴巴吞进去的空气虽会以放屁的形式排出去，可从肛门放出的气体很少，屁声小极了，基本上听不见。

我们家的猫也是，能听到屁声的只有小桃。小桃因为车祸前腿歪掉了，还缺少皮肤，接受过多次皮肤移植等手术。由于伤腿无法弯曲，它走路的姿势十分奇特，再加上缺少运动，可能是这些原因才让它的肚子胀鼓鼓的。马等动物会因缺少运动，气体在肚子里堆积，进而患上疝痛病，但猫的盲肠不如马的那般大，所以不会患上这种疾病。可惜小桃不是普通的猫，是只会发出“噗噗”屁声的猫。应该也有其他听到过猫屁声的主人，但听到的次数肯定很少。

长毛品种的猫经常有屎挂在屁股上，我想弄掉的时候它就四处逃窜。可猫睡觉时喜欢拿屁股对着我的脸，这种时候特别煎熬。

是不是觉得粪便最不干净？

知道有比肛门更不卫生的地方吗？那就是口腔内部！被猫咬过后伤口之所以会化脓，就是因为口腔里有很多细菌。口腔中的细菌随食物等进到胃里，会被胃酸处理掉。所以，接触健康猫咪的粪便根本谈不上煎熬，说得极端点儿，用嘴喂食物时才是煎熬！

深知感染症危险性的我等专业人士，最不愿接触的是人类的血液，其次是老鼠和猴子的排泄物。也就是说，在有可能感染人类的动物中，猫是风险较低的。

猫的粪便之所以臭，是因为位于肛门左右两侧的肛门腺分泌物的气味臭，而不是粪便本身臭。主人必须定期用推子修剪肛门周围的长毛，否则会乱糟糟的。如果猫不是特别胖，肛门周围应该不会沾上粪便，假如肛门周围沾有粪便，给猫换上富含纤维的猫粮也是解决方法之一。

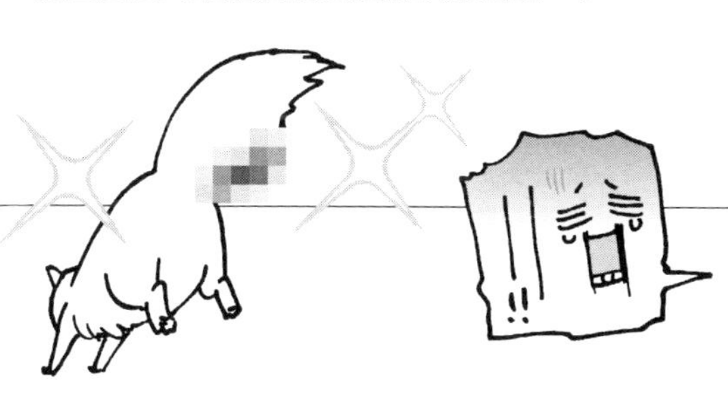

每次看到流浪猫走在柏油路或者碎石上面时，就觉得它们的脚掌好像很痛。可猫的肉球应该没柔嫩到这种（会感觉到痛的）地步吧？

照最近的酷暑，在柏油路上走路的猫也会被烫伤吧。

日本江户时代，很流行名叫“猫儿呀猫儿呀”的表演，即让猫“后脚”穿上鞋子，把它放在加热的铁板上。这样猫就会因为“前脚”烫，而只用“后脚”行走。虽然小熊猫和熊类都采用爬行，但和人类一样是使用“脚后跟”行走的。而猫采用趾行，即用趾头行走，因此“脚后跟”呈悬空状态。

如果猫的“脚后跟”有擦伤，那就是疾病的信号。比如糖尿病等，多是在发现猫“脚后跟”状态不对劲后，经检查发现的。另外，猫偶尔也会因为免疫疾病而肉球腐烂。健康猫咪的肉球不会很坚硬，也不像狗的一般粗糙。然而，不仅是土、沙子等天然材质，在盛夏烈日照射下的水泥地、柏油路上面，猫也会变成“猫儿呀猫儿呀”的样子。

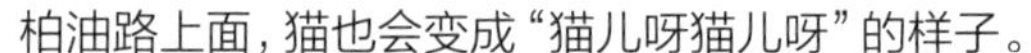

我养了很多只猫，它们吃的都一样，但是有的猫拉出的粪便比其他猫的更少更硬，身材还一点儿都不胖。就像有的人体质令人羡慕，怎么吃也吃不胖，猫也有不会发胖的吗?

什么都没吃却不会瘦下来的才叫人羡慕吧?

进食后却不会发胖，兽医界认为原因是“饲料效率不高”。但也不全是因为这个原因吧，不赞同“羡慕吃东西不会发胖”的难道只有我一个人? 从 20 多年前开始，我的体形就没什么变化。30 岁出头时买的西装，现在不用修改尺寸也能穿上。感觉穷的话，就控制一下饮食。仅仅这么点事儿，似乎就有很多人做不到。保持身材的诀窍可以是：强行买下略微超出自己预算的西装!

那么进入正题。吃同样的食物，发胖的情况却不一样，这属于消化率的问题。尤其是猫对碳水化合物的消化率存在着巨大的个体差异，而容易消化碳水化合物的猫容易发胖。

粪便量会因为食物和水分的吸收量不同而变化，假如粪便硬而少，可能是水分吸收过多，或是饮水量不够。这时测量一下猫小便的量，如果小便正常，就意味着猫不会喝水了，需要主人想办法。

把猫从后颈拎起来时，有的会把腿缩成一团，有的则伸直了腿，这是为什么呢？我妈妈坚信把腿缩成一团的猫更聪明。

以前常有类似的说法呢。

比如拎起猫的后颈时，把腿缩成一团的猫更会捉老鼠。但实际上，不同情况下，同一只幼猫有时会把腿缩成一团，有时则伸直了腿，所以不能笼统地称之为个体差异。更进一步地说，猫紧张时会缩起腿，放松时会伸直腿。从这种观点来看，被拎住后颈时，伸直腿的猫才是最厉害的吧？

紧紧地咬住猫的脖子，其实是猫妈妈对幼猫的体罚。为了告诫幼猫不能干危及性命的事情，猫妈妈只能咬住幼猫的脖子根来教它们。说到体罚，人们可能会产生过激式的排斥反应，可看到猫妈妈叼着小猫脖子时，为什么会产生一种暖洋洋的感觉呢？可能因为其中体现了真正无私的爱意吧。话虽如此，也绝不能随便拎猫的脖子根啊！因为这是猫妈妈专用的体罚……

抚摸肉球间的缝隙时，猫爪会完全展开，这样子太可爱了，我总是忍不住去摸。可是猫会觉得痒吗？看它好像不觉得讨厌，这样做对它有害处吗？

养猫的时候，一开始大家都会这么干吧？

基本来说，痒是刺激分布着大量神经末梢的部位后产生的反应。人类的敏感部位是腋下和耳朵一带，可猫的话，就算去挠它们的腋下和耳背，也没有半点反应。所以即使揉猫的肉球，恐怕它也没有痒的感觉。原本“挠痒痒”就是逗人发笑的行为，而我们根本无法推测猫发笑的感情表现，就暂且归论为“猫不会觉得痒”吧。

触碰肉球的时候，只要猫不嫌弃，可以把这当成一种交流方式，但还是希望大家能采用更加亲密的接触方式，不光用手，而是用全身来接触。身为猫医生，我每天都会看到与猫接触的人，所以我自然很清楚，不知道摸哪里猫会觉得难受的养猫人实在太多了！

家猫的脑袋好像比野猫的大，是因为经常捂脸睡的原因吗?

动物被驯养为家畜后，头部会变大。

猫的品种间存在着差异，波斯猫的脑袋大而扁，与之相反，暹罗猫的头比野生非洲野猫（猫的原种，家猫的祖先）的还要小。动物园的猫科动物之中，还有和家猫毫无血缘关系的兔狲，其面部要更大一点儿。而混血种（即杂交种）的个体差异相当之大，无法一概而论。

我自己的脸也很大，和关取（注：日本“十两”等级以上的相扑力士）一起拍照时，发现自己的脸更大，我受到了严重的打击……我睡觉时既没有捂脸睡，学生时代也没有在上课时趴桌子上睡过。因此猫那样的睡觉方式，应该和脑袋的大小没有关系。

捂脸睡的姿势，让人觉得猫的身体似乎不太舒服。但实际上，健康的猫只要温度足够高，睡觉时会呈舒展状态，而温度稍低的话，就会把爪子收起来，缩成一团。猫的睡相各不相同，如果姿势和平常不同，还是得留心观察一下。

猫能记住多久以前的事情呢?

根据我的实际经验，估计一个月左右吧。

记忆分为“陈述记忆”和“程序记忆”，前者是做过了什么事的记忆，后者是身体自然记住的记忆——个体对具体事物操作法则的记忆，如驾驶汽车。另外还有“长时记忆”和“短时记忆”的分法。那么说到猫，很多去过宠物医院的猫都异常讨厌再去医院。把便携箱拿出来时，猫都会躲起来。我经常听说猫每周定期去医院时，都会提前觉察到那一天的到来，然后从当天早上开始就不肯露面。然而，我没有听过每月去一次医院的猫会出现这样的情况。也就是说，猫一个月左右就会忘掉吧。

以前，拌饭蛋在嗅我手的气味时，不幸被头顶掉下来的东西给砸中了。自那以后，它一看到我的脸就会逃之夭夭。但过了三周左右，它突然开始迎接我回家了，然后变回了从前的拌饭蛋，继续钻我的被窝。恐怕它已经忘记那糟糕的往事了吧。常言道“人的流言最多只有 75 天”（注：意思是流言转瞬即逝），可猫的记忆可能是 28 天哦!

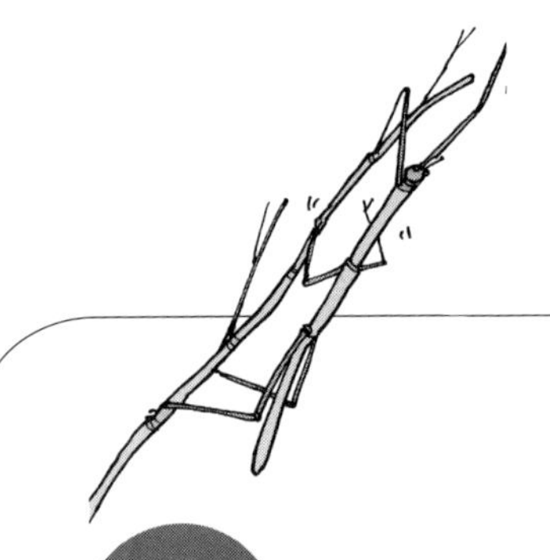

Q 14

生物会根据栖息地点来改变外表吧？有的还能做出惊人的拟态。生物明白自己这样做不容易被发现吗？

这是进化论方面的问题吧。

有个说法叫“适应辐射”，该理论讲的是当动物出现遗传变异时，唯独适应环境的才能在自然界生存下去。其准确的生态学定义为，一定进化时间内，物种因适应不同的生态位而分化出新的物种的过程。这应该超出我的专业范围了吧。这样说可能有些嘴硬，但假如能参与这类研究的话，说不定还挺幸福的。可我现在却压力很大，这都是因为从事着与家畜有关的工作，我是不是也能进化呢？

猫如果处于自然环境的压力下，就不可能发展成如今的形态。讨人类喜欢的压力，铸成了今天猫。在自然环境中，生物会配合自然来演变，可猫（指被饲养为宠物的家猫）却已无法彻底适应野外生存了。所以我想说的是，猫是一种完全需要人类照顾的动物。而关于拟态，已有生物学家提出了不少学说，也希望您能继续深入学习。不要光看照片和视频，而要和实物面对面。肯定会有新发现的。

市面上有那种略带香味的猫砂和猫砂垫。这些香味对嗅觉敏锐的猫来说会不会很难受?

我很难受!

猫砂和柔软剂等的香料成分似乎不是天然的，多为化学合成品，我个人挺受不了的。虽然猫看起来满不在乎，但肯定也有像我这样讨厌强烈香味的猫。气味是个麻烦的问题，与大脑的记忆相关，如果一直受同种气味的刺激，就会“习惯”起来。

30多年前，我去日本伊豆群岛的新岛上做过咸圆鲹鱼干。第一次去生产现场时，简直被臭到头晕目眩。但两周之后，我彻底习惯了那个气味，也能若无其事地吃下去。咸圆鲹鱼干的臭味就如纳豆的气味来自于“纳豆菌”一样，是细菌发酵产生的气味。有的猫会吃纳豆和咸圆鲹鱼干，似乎猫也明白，发酵的气味不同于腐烂的气味。

萝卜青菜各有所爱，无论对方是人类还是猫，都千万别强迫他/它去接受某种气味啊。另外，不要用香味来掩盖厕所的气味，认真打扫才是正确方法!

三花猫和三色猫的区别在哪？我家的猫是白色底毛，后腿带一点茶色，别人说它不是三花猫，只是三色猫。

最好区分的地方在于“有没有橘色”。

比如说虎斑猫，由于黑色条纹位于褐色部分上，人们一般会认为这是两种颜色吧？其实形成这种条纹的黑色与褐色属于同一种颜色。仔细观察纯黑色的猫，也会发现其腋下部位有条纹。但这也属于单色猫吧？

抹布色猫，即玳瑁猫（玳瑁色）毛为黑色与橘色的混合，是三花猫的同类。证据就是玳瑁猫只有雌性。三花猫必须具备橘色和黑色的斑纹，有没有白毛其实无所谓。事实上，猫的毛色有很多都难以描述。橘色淡化后的米色（奶油色）也可能是三花猫的毛色，毛色为灰色和米色（奶油灰）再加上白色的，也属于三花猫（浅三花）。而灰色与米色构成的条纹只能看作是一种颜色，不算三花猫，可别弄错了呀。

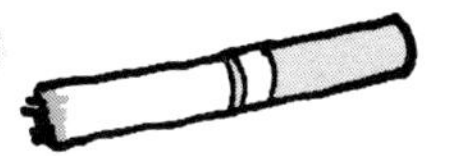

二手烟对宠物也有不良影响吗？如果不好，请教教我怎么劝抽烟的宠物主人戒烟吧。

请允许我以吸烟者的立场回答。

世界上最早的人为造成的癌症，是在老鼠后背上不断涂抹焦油引起的。而香烟中含有焦油，所以香烟可能被人视为不好的东西。日本昭和40年代（注：即20世纪六七十年代），由于甜味剂“甜蜜素”具有致癌性，故被禁止使用。然而进入21世纪后，在对其进行的继续研究中，发现“甜蜜素”对老鼠虽有致癌性，对人类却没有危害。

事实上有报告表明，在有吸烟者的家庭与没有吸烟者的家庭中，宠物的患病率及因香烟而患上肺癌的概率，并未随着戒烟行为的普及而出现差异。不过，目前的很多文献都缺乏科学上的可信度，n（样本抽取数）太小，结果往哪边倒都不奇怪，因此也无法判断有没有负面影响。香烟属于个人喜好，吸烟者只要顾及他人就没什么问题。戒烟不是靠他人劝的，只有自愿主动才行……

有段时间，我的猫流出了大量的口水，我一碰它的嘴它就乱动，所以只能观察情况。等它安静下来后给它检查口腔时，我发现它下排的小牙齿只剩一颗了。那里不会再长牙了吗？

恒齿一旦脱落就不会再长了。

只要不是鲨鱼之类的动物，是不会新生出恒齿的。猫的这类情况最近被称为“FGS”，就是“猫龈口炎”，可能是免疫问题引发的疾病。分为掉牙后炎症恢复和未恢复的情况，通常两种都被认为是龈口炎。您家的猫，可能只是猫的破骨细胞出现问题而导致的牙齿脱落。但也有一种很麻烦的口腔疾病，口腔内会长出肉芽肿，假如有流口水现象，请把猫带去医院。我没打算惹您焦虑，但有时起初看上去是龈口炎，其实是肿瘤。

您说的小牙齿应该是指门牙，但您知道还有另一种小牙齿吗？上颚最深处的臼齿后面有被称为后臼齿的小牙齿。如果您有见到过，那么检查猫咪的实际操作算是合格了吧。

我家那些长得像暹罗猫的蓝眼猫非常怕冷，它们的兄弟姐妹长得像日本田园猫，有着绿色和黄色的眼睛，却并不怕冷。大家血脉相同，可为什么会这样呢？（注：这里提到的猫应该都是混血猫，血脉相同亦指此）

用外形和颜色来判断不太好哦！

从前说蓝眼睛的猫耳朵听不见，可正确情况是，白猫有耳聋的基因。眼睛颜色和毛色有一定程度的因果关系，却难以用因果关系把眼睛颜色和体质联系起来。这里需要研究的一个关键词是“长得像暹罗猫”。暹罗猫的体毛为单层皮毛，属于绒毛少的品种。如果继承了这种基因，猫可能会因为体毛稀薄而怕冷。如羊毛是用羔羊身上的全部毛制成的，但高级的开司米（山羊绒）仅用开司米山羊的绒毛制成，柔软温暖却价格昂贵。如果有大量保暖效果强的绒毛，那么猫对寒冷也不会太敏感，可像暹罗猫、东方短毛猫这种拨开毛发就能看见皮肤的猫，特别地怕冷。请确认一下这点吧！

还有一个关键因素是皮下脂肪。胖猫的体温不易流失，应该不会怕冷。人类似乎就喜欢靠毛色和眼睛颜色来概括事物，但这可能会成为区别对待的开始，千万要注意啊。

最近，我家猫的脑袋上有一股类似蛋黄酱的味道，以前还有过晒过的被子的味道，这是生病了吗，还是类似于老人味?

大概是体味。

猫的面部有散发体味的腺体。也闻一闻尾巴背面和“掌心”的味道吧，全都是猫本身的气味。用人类打比方的话，就是腋下的味道！据说体味的印象会因闻者的不同而不同。某女士对他人的体味十分敏感，甚至不愿坐挤满了人的电车。但这位女士的朋友说：“对气味那么敏感，可她男友的体味超难闻！”这正是人类身为动物的证据，会通过气味来判断他人的信息。只是自己被心仪异性的气味所吸引，所以不觉得是异味。但如果不是喜欢的异性，则会对对方的体味感到不适。因此我经常提议说：“闻闻交往对象的腋下气味吧，不觉得臭的话，他就跟你合得来。”

不过，从晒过的被子味变成了蛋黄酱味，可能是皮脂出现了氧化。当然，随着年龄的增长，代谢也会减缓，猫会散发出独特的气味。究竟是敏感的你闻出了这种差别，还是因为自己身体的变化而错认了气味呢……糖尿病等疾病也会使猫散发出独特的气味，假如体重有所下降，还是带猫检查一次吧。

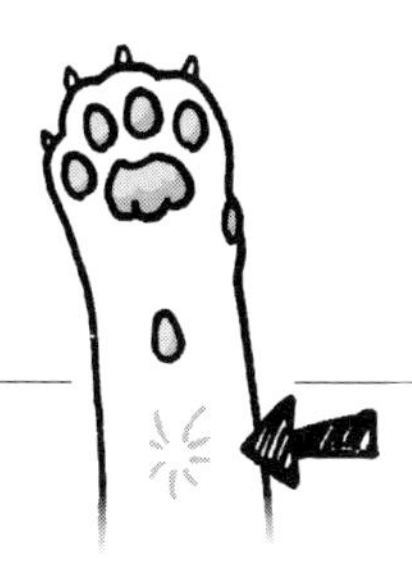

猫两只前爪的手根球再往上一点的位置，有类似小肉球的疙瘩状东西，那是什么呀？有什么作用呢？

没有资料记载过猫这一部位的名称。

这个部位就像胡须一样，具备拥有感觉的触毛，起到感知的作用。从组织标本中，可以发现作为压力感受器的“环层小体”在这里异常发达，而狗的触毛中似乎看不到这样的构造（本院采集的组织已经经过病理医生的鉴定）。

以下只是猫医生的假设。这个部位可能是猫把爪子伸入洞穴时，用来搜寻猎物的感受器。捕猎的时候，狗会先伸出嘴，而猫会先探出爪子。观察猫抓挠缝隙里的玩具时就会发现，它没有把爪子伸入深处，而是在这一部位（疙瘩状部位）伸入的地方抓来抓去。或许这也是防止爪子进入深处的“刹车器”。如果硬要取名字的话，类比猪使用“腕腺”可能比较准确。对于这个部位不明白的地方还有很多，所以这份工作才有意思啊！

对谈 1

有什么能缓解猫咪疼痛的方法吗?

由于语言不通，猫身体不舒服时，主人也不知道它究竟有多难受。有什么能稍微减轻猫咪痛苦的方法吗?

猫医生×来来猫大和

针灸对猫也有效吗?

来来猫 针灸和反射区按摩很适合我的体质，所以我经常做。既然适合我，我想应该也适合自家的猫咪们吧，不过针灸对猫有效吗?

猫医生 猫也可以做。据说，很早之前，蒙古人就会给马和羊“扎雀”。

来来猫 扎雀?！……啊，是指火针灸吧。吓死我了，还以为像扔飞镖一样，把云雀投向马。

猫医生 ……话说现在不能随便收养野鸟了，就算发现受伤的云雀，也不要捡回去饲养啊。

来来猫 嗯，违法的吧。不好意思，我一开始就跑偏了。

猫医生 而且针不是像飞镖一样扔的。通过手来传递气息才有意义。

来来猫 动物的针灸治疗也历史悠久呢。

猫医生 文献的记载以马、牛、猪等家畜为主，关于猫的还没什么资料。今天，针灸虽不是日本大学兽医专业的必修课程，但全国都有做针灸治疗的兽医，还有名叫日本动物针灸治疗研究会的团体。我工作过的一家东京医院也引入了针灸治疗，我也曾学习过。

实不相瞒，起初我对针灸的效果半信半疑，可在现场看到台湾大学的研究成果后，想法发生了改变。他们为了增加母猪的排卵数量而给它们扎针。看过数据就会发现，扎过针的猪和未扎过针的猪，二者的生育数量有明显的差异。

来来猫 您有过针灸治疗的临床经验吗？

猫医生 在川崎的时候，我经常配合电击进行针灸。印象最深刻的是只后身麻痹的达克斯犬。它的主人是位名医，同意了我的针灸治疗方法，狗狗恢复得很顺利。后来，听说那个人是日本针灸学会的会长后，我大为震惊。不过，针灸的治疗效果不会以数值呈现出来，因此我也难以说服那些不同意这种疗法的宠物主人。

来来猫 针灸会让猫和狗感到疼痛吗？

猫医生 只要精准地扎进了经络，应该一点都不痛。不过，您是为了缓解肩痛、腰痛等慢性疾病而做针灸的吧？

来来猫 对。

猫医生 其实，针灸对骨折、麻痹等急性疾病效果更明显。

来来猫 原来是这样啊。

猫医生 您家的猫如果有需要的话，随时都能做。可它们会老实地待在诊疗台上吗?

来来猫 很难……

重视经验知识。

来来猫 虽然不知道要不要做针灸，但最近，阿笨不再讨厌医院了。它似乎明白去医院后身体会舒服些。注射结束后，它会去走廊主动钻进笼子里。

猫医生 听“患者”的主人们说，好像有的猫会在身体不舒服时主动钻进笼子。当然只限于经常去医院的猫。对主人来说，猫进笼子也成了猫身体不适的信号。

来来猫 阿笨就是这样。

猫医生 其他猫还有身体不舒服时会舔舐地板、睡在特定的位置等表现。每只猫的信号都不同，只有共同生活的主人才会发现，然后主人把猫带来医院，说：“猫做出这种举动，肯定是身体出了问题。”可如果没有主诉症状（患者诉说的主要症状，如疼痛、发热等导致来医院的症状），我们也弄不清楚。不过，主人应该是对的，而这却是最麻烦的地方（因为无法验证）。

来来猫 对，毕竟猫不会开口说自己哪里痛。

猫医生 骨折这些摸一摸还能判断出来，可头痛就不行了。

来来猫 一想到猫可能在忍受疼痛，就感觉它真的好可怜。有猫专用的阿司匹林等药物吗？

猫医生 猫无法分解人类使用的止痛剂成分。有一种叫美洛昔康（Metacam）的猫用止痛剂，但也会对猫的肝脏造成负担，所以只能用几次。除此之外，还有近似麻药的强效止痛剂。使用后，那些原本疼得满地打滚的猫会安静下来，说明疼痛应该有所缓和，但原则上不能经常使用。

来来猫 身为主人，不能理解猫的痛苦真的很难受。

猫医生 说到头痛，我十多岁的时候就有一点点，可当时没有头痛门诊。周围人都不怎么理解，哪怕痛得站不起来，也会被认为是在装病。其实本人是相当难受的。

来来猫 您以前说过，猫的疾病可以通过气味和表情来发现，是源自您的经验吗？

猫医生 算是经验知识吧。兽医为了找到根据，会做检查、记录数据，但我认为也要重视通过经验知识进行诊察的方式。一脉相传，延续了四千年以上的印度传统医学——阿育吠陀（Ayurveda）的医生们，也是靠经验知识进行诊察。引入西方医学之前，日本的医学亦是如此。

来来猫 所以才会观察气味和表情吧？

猫医生 其实如果能看见皮肤颜色会更好，可是皮肤被毛遮住了。

来来猫 您还经常触摸、观察猫的耳朵，是因为耳朵上的毛很稀少？

猫医生 没错。在临床现场，经验知识就是技术。就像厨师切河豚薄片时，不会按标准测量每片需几毫米厚一样，我们不可能完全根据数据来诊察。当然科学得讲道理，可是在现场，有时必须靠感觉，或者说是用“第三只眼”来诊察才行。

聊习惯！

每天早上，猫钻进被窝里叫人起床，

晚上，满屋子地蹿来蹿去。

很是可爱，但为什么要这样做呢？

一起从“习惯”中思考猫的感受吧！

我老家养鹅，猫会学幼鹅的叫声。它是想模仿叫声来降低猎物的警惕性吗?

好像有这么一种说法。

虽然我个人很怀疑……众所周知，聪明的鸟类会模仿人类的说话声和机械声。因此猫这样的较高等动物或许可以发出拟声。

偶尔有人跟我说："我家猫似乎会模仿 ×× 的声音。"可惜没有根据，我只能回答："您听错了吧？"我家的迷你拉是人工哺乳长大的，所以超黏"妈妈"，无法接受我太太以外的任何人。我听到过迷你拉叫"妈妈呀……"。不过只听过一次，后来就没有过了。很有可能是听者把叫声和自己熟悉的声音联系了起来，擅自做了解释。猫玩耍时嘴里发出的微弱叫声，有时听着像"叽叽"的声音。我认为这应该是错觉。不过听惯了鸡叫声的您，自然会听成这种声音。可主人肯定会反驳，说："（我家的猫）吃饭时说饭好吃。"

如何区分家猫之间的打闹和真正的打架呢？猫咪们既没有黏在一起睡觉，也没有相互舔毛，是因为关系不好吗？

猫凑在一起睡觉，纯粹是因为房间冷！

猫凑在一起睡觉，并不能说是关系好吧。毕竟天天睡在一起的夫妻也会说离婚就离婚。所以旁观也无法明白猫究竟在打闹还是真的在打架。况且，猫打架的时候，狗都懒得理。打架时只要没严重到弄伤对方，那即使关系差一点儿，放任不管也没什么关系吧。

但可惜的是，有时猫咪们怎么都无法和平共处，最后只能生活在不同房间里。如果猫咪们真的感情不和，其中一方肯定会发出求救信号的。比如在厕所之外的地方排泄、心仪的地方出现变化，又或者胃口好得古怪等。猫的世界里应该不存在欺凌行为，但一对一的关系中存在着强弱之分。人类介入猫之间的问题也不会起作用的，只能花心思让它们自己解决问题。

我从没听过家里的美国短毛雌猫叫“喵”，可唤它名字的时候，倒是会回一声“呜！”

猫的叫声听起来像“喵”吗?

猫的叫声千奇古怪，方式各不相同。用文字来描述简直困难至极，虽然感觉像“咪喵嗷”“呜喵嗷”“呐嗷”，可直接念出来又会变味，无法准确表达。半短躯短腿型[一]猫由于口鼻短，很多叫起来如同漏气一般，不是“呜呜”声，感觉像是“嘻努”声。还有的猫，可能得加上浊音符号才能更便于用文字表达，可“咪”和“呐”都不能加浊音符号，所以还是难以用文字来描述（这里指的用日文表达猫叫声）。

下面是作为兽医的建议。猫上了年纪后，会开始大声叫嚷。一直叫到声音沙哑为止，有时会被误解成发情，但实际上，这是甲亢的症状（甲状腺激素分泌过剩导致的疾病）。在高龄猫的身上很常见，可喂药治疗存在着一些风险，最近市面上有售专用的处方粮，效果显著，大家可以咨询一下兽医。

[一] 英国短毛猫和美国短毛猫等脸略皱的猫属于半短躯短腿型。波斯猫这种完全皱脸的猫属于短躯短腿型。

猫的亲子关系能维持多久呢？我家有只 3 岁的雄猫想和幼猫一起吃奶，结果被猫妈妈揍了。

难道不认为母性仅针对自己的孩子吗？

如果是产后的母猫，可能会若无其事地照看其他幼猫，给它们喂奶。以前，有个英国主人带着刚出生的猫来宠物医院，希望给它找个养母。我解释说这只猫只能由主人人工哺乳，可对方无法理解。过了一会儿，我才发现对方的意思是想找一只刚产完幼崽的代理母猫。我恍然大悟，想起自家的两只猫以前也同时生产过，幼猫们混在一起，两边的奶都喝。

猫没有血缘概念，很容易近亲交配。不过母猫会对无法独立生存的幼猫展现最大限度的母性。过了社会化时期，即从出生后的 3~4 个月开始，为了促进小猫自立，母猫会把它们当作独立的猫来看待。偶尔也有特别黏母亲的，长大后还想吸母乳……猫妈妈自然会变身为“虎妈”。日本父母在育儿方面是不是也该学学猫咪，重新审视一下呢？

猫对逗猫工具的好恶取决于什么？我家的猫似乎不完全喜欢贵的。

东西的好坏不是靠价格决定的吧？

买到好东西的窍门在于选的时候不要看价格。不管是什么东西，都先拿在手上确认一下材质，想一想用法和使用频率，需要的话再看价格，然后考虑它是否具备相应的性价比。按照这样的步骤来挑选，也许就能发现猫喜欢的东西了。

话说，即使不买猫玩具，也可以用身边的材料轻松地制作一个。有代表性的材料是牛皮纸（信封等所使用的褐色纸张）。把它揉成比高尔夫球更小的纸球，让球滚动起来，猫会喜欢上这种纸球的“沙沙”声和轻巧感。没有的话，用铝箔也可以。绳状的玩具容易被误吞，所以尽量少用。必须注意逗猫工具的形状，因为出现过把柄部分伤到猫、尖端部分被猫吃掉的案例。如果猫喜欢天然产品，还可以用狗尾巴草，即真正的逗猫植物。不过实际上，猫并不太喜欢这个。猫喜欢会发出“沙沙”声的、动起来不自然的轻巧玩具。千万要给猫提供安全的玩具呀！

给猫买玩具的时候，它刚开始还很兴奋地玩耍，可没几天就腻了。然后再给它买同款的新玩具时，又会兴奋一把。这是为什么呢?

新玩具上面没有沾葛枣猕猴桃（木天蓼）吧?

我收到的提问中更多的是“猫对新玩具不感兴趣”……当然，猫也会觉得腻，可通常来说，大多数猫都喜欢玩同一件玩具。在管理出生几周的独生猫时，我尝试过把与猫同等大小的布偶放进笼子(游戏厅的抓娃娃机里的布偶就很好用)。用一阵子后布偶变脏了。当换上新布偶时，大多数情况下猫都不理不睬，结果我只能把破破烂烂的旧布偶洗干净放回去，如此猫才肯接受。

最近，猫误食玩具的情况变多了。根本原因是没有安全标准的商品正被低价出售。所以给猫买玩具的时候，必须要考虑周到才行。

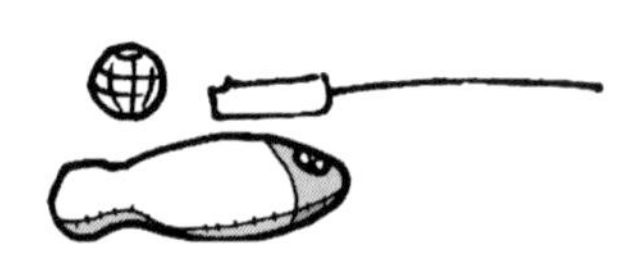

我养了只1个月大的幼猫。它开始吃断奶食物，而且能自己用碗吃了。可是吃到一半时，它会开始做挖地板的动作，然后就不吃了。这是什么意思呢?

在出生后至少2个月内，得让幼猫和猫妈妈一起生活。

首先是忠告！出生1个月的幼猫必须和猫妈妈在一起饲养！如果因为猫妈妈死亡等原因，而收养了社会化时期（出生后的50~90天）以前的幼猫，得尽量让它生活在能与其他猫进行交流的环境中。那么，关于本问题的回答是，前爪挖地是想掩藏有气味的东西的举动。大便之后用沙子盖住粪便时应该会做出同样的行为。日语中“佯装不知”一词的语源，便来自于猫掩藏粪便的举动。而掩藏食物时，是因为猫觉得食物的气味臭。猫没有挖土坑保存食物的习性，藏东西只是为了隐藏气味，所以不是为了保存东西。

值得注意的是，在为幼猫挑选食物时，存在着根据猫吃得香不香来进行挑选的情况。在出生后3个月内，猫对食物的喜好会被固定下来，因此必须养成习惯，为猫提供营养均衡的食物。猫喜欢什么食物全取决于您！

猫会配合我母亲的喷嚏发出叫声，但是对其他声音和我的喷嚏就毫无反应。它是在担心我母亲的身体，叫她保重吗?

也许这真的就是答案。

也有其他会对喷嚏做出反应的猫，我想其中应该有什么因果关系，但没有准确的答案。根据最近的报道，打哈欠是有连锁反应的。狗的话，当主人打哈欠时，它也会开始打哈欠。我对自家的猫也试了一下，可惜的是，全程只有我一个人演独角戏。这番情景要是被监控录像拍下来，泄露到网上的话，就出大糗了。

对一定现象做出反应，我们称之为条件反射，例如，著名的“巴普洛夫的狗在听到铃声后会分泌唾液”。因此猫只会对令堂的喷嚏做出反应，也是可以理解的。比如说，被唤到名字时，猫用叫声来回答也是因为条件反射，所以答案也可以是这只猫把“阿嚏”当成了自己的名字。无论如何，令堂都和这只猫有了无形的深刻牵绊，她无疑是位优秀的猫主人。

家里 7 个月大的母猫活泼爱捣蛋，它会随着年龄的增长而安静下来吗？另外我老公的猫好像以前很闹腾，现在却老实得很。

我现在也挺闹腾的。

平均来说，猫到了 3 岁左右时，会有稍微变老实的倾向，可猫的年纪越大，主人就越常念叨：“我家的猫总是在睡觉。”不过个体间的差异很大，既有 10 岁左右依然充满活力的猫，也有还不到 1 岁就变得安静老实的猫。

我 55 岁时，还被人指责过：“您又不是小孩子了！”但我认为这是句表扬的话。男人不管到了多少岁，也最好是保持一定的活力，靠这份能量去做一些新鲜事。即使闹腾，等到了一定岁数后也会懂得分辨好坏，所以会不同于年轻时期半玩闹性质的闹腾。所以，不管到了多少岁，都要做怀揣梦想、闪闪发亮的成年人。

但在这一点上，由于猫生活在独立的社会中，并不需要特别的动力，因此为它提供极为舒适的环境才是主人的使命！

家里的 1 岁雄猫在出生满半年之前就做了绝育手术，但是最近，它还是会对绝育过的 1 岁雌猫做出类似交配的举动。雌猫好像很不情愿，所以我想把它们拽开，可主人这么阻止会不会不太好?

它们不是在做坏事。

有时，猫在做完绝育手术后，依然会做出骑跨（雄猫交配的行为）的举动。但那只是在玩耍，明显不是性激素引起的发情行为。会在发情期之外进行性行为的，只有人类和倭黑猩猩（黑猩猩的同类）。所以，即使猫做出类似举动，也无须放在心上。

但前提是，它不像来来猫老师家的乌鸦一样有睾丸留在体内，即不是有隐睾的猫。有一种激素剂，无论雄猫绝育与否，都能在一定程度上抑制其喷尿和骑跨等行为，但考虑到副作用，并不建议使用。猫里面也有性格烦人的家伙，丝毫没有注意到自己被其他猫嫌弃，行为还会不断升级。可就算主人介入了，也无法解决任何问题，只能让猫咪们相互习惯。只要雌猫的脖子根没有受伤，主人在一旁看着就行了。

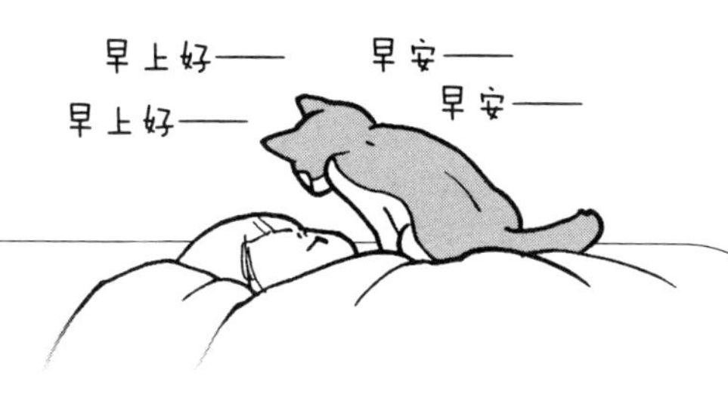

猫会在早上 5 点就把我叫醒，但似乎不是在催我喂食，因为我起来以后，它也只是睡睡觉、舔舔毛。它是不想让我睡懒觉吗?

我家没有“猫闹钟”。

我早上起床时，乌冬就会过来睡在温暖的被窝里。仿佛我花了一整晚帮猫暖被窝，感觉自己成了木下藤吉郎[㊀]。这是各自家庭中养成的习惯，猫并非希望主人给自己喂食，只是在每天的同样时刻做同一件事情罢了。

下面是猫医生的原创假说。猫早起的时候，主人肯定正处于快速眼动（REM）睡眠期（大脑正在活动的睡眠阶段）。以前有人曾说过猫可以看穿人类的假睡，也许猫拥有不同寻常的能力。即使主人真的在睡觉，可当睡眠从非快速眼动睡眠（NREM）进入快速眼动睡眠时，猫会奇怪人为什么没有醒来，所以开始叫人起床。最近有简便的装置可以记录睡眠状态，有猫闹钟的人可以用它来验证这一假说。

㊀ 也就是丰臣秀吉。有一段逸话是，当他以仆人的身份伺候织田信长时，会把信长冰冷的草鞋放进怀中捂暖。

我的猫会一直不停地叫，但它既不是想吃饭，也不是想玩耍。有什么好办法能分辨猫的需求呢？另外，请介绍一下有没有值得一读的专业书籍。

如果有这种专业书籍，我首先需要！

据说猫叫不是为了交流，而是想表达自己的心情。只是忍不住把心事说出口了而已。在这层意义上，猫叫的时候可能的确在思考什么。但是，想靠声调和表情来掌握它在想什么是毫无意义的。用智能手机的应用软件来分析猫的声音，顶多也只能算游戏而已。

在现实世界中，两个物种间的相互交流近乎是奇迹，所以不如放轻松些，尝试放空自己与猫相处。猫想要说什么，猫希望自己做什么——您思考这些问题时的心意才更为重要，而这正是对猫的爱意啊！

为什么会出现猫突然上蹿下跳的情况？

准确原因不明，但猫似乎有个活力开关。

开关打开的时间多为夜晚到黎明之间。毕竟猫本来就是夜行性动物。有人以为这是种病，还向我咨询过，但这与甲状腺疾病等引发的过度活跃不同，请大家放心。一旦开关打开，猫就会活跃到计时器停止为止，毫无对策。简直像奥特曼一样，但上蹿下跳的时间比奥特曼要短。还有人说猫冲来冲去是为了提高体温，但真相并不明确。

等上了一定年纪后，猫只有偶尔才会跑一跑，但希望大家能把猫养得像足球运动员三浦知良一样，永远都精力充沛地蹦蹦跳跳。从前我就觉得足球运动员的动作很像猫，而第一次在电视上看到巴塞罗那足球俱乐部的内马尔时，我受到了极大的冲击。我和我家猫玩捉迷藏，差一点要抓住它时，猫也会做假动作，从我手中溜走。内马尔的动作和那一模一样，不，感觉比那还要敏捷。遗憾的是，我们无法教不擅团队游戏的猫踢足球。但假如有懂得协调配合的猫咪足球队，肯定会相当厉害吧。

家里的雄猫和雌猫（都做过绝育手术）此前的关系一直不远不近、各自为安，但现在每晚都会打一架。关于环境方面的变化，我能想到的是院子里最近有流浪猫赖着不走，俩猫打架和这个有关系吗?

关系很大!

没有做绝育手术的猫，会产生与生殖有关的费洛蒙（学名为信息素，分泌到体外的激素）。如果这样的猫进入院子的话，这种气味会飘进室内，在其影响之下，猫之间的和谐状态会出现混乱。处理起来非常麻烦，只能“采取措施，避免外面的猫闯入”。市面上的“驱猫”商品可以起到一定作用，不过这可能会让爱猫人士难过。

或许有的事情时间能帮忙解决，但方法恐怕只能是把两只猫的生活圈给分离开来了吧。我家从前也有两只水火不容的猫。由于我在的时候它们不会打架，所以我做了一个“避难所”，好让我不在家的时候其中一只能躲起来，在我回家之前，它就一直待在里面生活。虽然像只隐士猫，可当我回来时，它会慢悠悠地出来吃东西，似乎挺满足的。的确，待在遮风避雨、冬天也格外温暖的屋子里，可比生活在屋外的猫要幸福多了。

在我的猫 3 周大小时，它的母亲就不见了踪影，我从那时就收养了它。现在它 8 个月大了，竟有了吮食纺织品的异食癖，为此我烦恼不已。用喷雾和芥末教训它也没用。请告诉我有没有什么好的解决办法。

有很多关于猫稚气未脱的提问呢。

大多数都是因为猫在发育期的社会化期（出生后的50~90 天）就脱离了猫妈妈的教育。长为成猫后，已形成的恶习难以纠正。别嫌我啰唆，唯一的方法是让猫在出生 90 天内与母亲待在一起。但如果像这只猫一样没有猫妈妈，那要怎么办呢？方法之一是改变床铺等物的材质。羊毛、毛巾等起毛的材质会让猫产生反应，而猫对丝绸一般光滑的材质没有兴趣。把床铺的布料换成丝绸或许是个好办法。

就我个人而言，我觉得丝绸比羊毛更亲肤，棉与真丝混纺的衬衫最为舒适。最近的女性似乎挺喜欢毛茸茸的家居服，但我个人不太喜欢那种触感，所以完全无法理解猫的异食癖。总而言之，只能把猫喜好吮食的材质统统从屋子里“断舍离”掉。

有时猫追赶自己的尾巴，追着追着就发疯似的转起了圈圈。这是怎么回事呢?

这有点问题。

这样的猫估计会被诊断为行为规癖。追尾巴行为多出现在狗身上，猫有这种行为是相当罕见的。从临床经验来看，仅在暹罗猫等东方品种身上发现过。表现在人类身上也就是强迫症，但提问者的猫不可能患有精神问题，所以让我稍作解释一下。

以前参与电视节目的制作时，节目组觉得狗追着尾巴快速转圈的画面非常有趣。我认为这一举动可能源于疾病，因此很抗拒在节目中采用这个画面，但当时人们还缺乏对猫狗异常行为的认识，最后还是在电视上播出了。狗的这类症状会出现在过度兴奋的时候，平时它们表现很正常。而猫也是一样，会因为某种契机而突然开始某种行为。临床上通常会使用抑制兴奋过度的药物，可是对猫好像没什么效果。也就是说，与其说这是疾病，不如说问题其实是出在周围环境中。改变环境会有改善的效果，所以请在兽医的指导下耐心地尝试。日本有句俗话叫“猫的尾巴”，意思是“可有可无”，与猫相处时不如忘掉猫的尾巴，或许这也是个好方法。

动物真的能凭本能预知危险吗？您有因为猫的信号而得救的经历吗？

完全没有！

很久以前，我协助过一项调查，是关于猫预知到危险时所做出的异常行为，可是完全没有！

日本的阪神淡路大地震的时候，名古屋也跟着震动了，可我家当时养的猫和鲇鱼都不为所动。本来还奇怪鲇鱼怎么没反应，但想起送我鲇鱼的人说："这鲇鱼源自亚马孙、非洲等少震地区，所以情有可原。"鲇鱼的英文名为 Catfish，因此我不知不觉对它产生了亲近感……

很可惜，我认为动物没有能提前察觉危险的能力。日本的现代人生活在安全常伴左右、丢失的智能机也能原地找回的环境里，已经被和平冲昏了头脑，无疑欠缺觉察危机的能力。和主人生活在一起的猫自然也沉溺于和平氛围中。在过去的重大灾害中，也有很多动物和人类一样遇难丧生。但新闻中只会报道本国的遇难人数，大家才产生了动物能规避危险的印象吧。虽然没有因为猫的信号而得救过，但我能身体健康地继续工作，肯定是托猫咪们的福吧……

我看到有的猫能像人类一样，看到绿灯后小跑着过马路。是因为它知道这个信号代表了不赶紧过马路就有危险吗?

可能是猫从经验中学到的，但它们可不明白人类的规则！

我也遇到过这类情形，但遗憾的是，并未给我留下温暖的印象，而是联想到了糟糕的结局。或许是因为，我曾在绿灯时过斑马线差点被车撞到过。尽管有幸免于车祸的猫，但大家也得知道，也有成倍数量的猫在交通事故中丧生。

顺便一提，狗能够通过训练习得符合人类规则的行为。以前，我养过来自澳大利亚的拉布拉多导盲犬。平时性格淘气活泼，可一把牵引用的绳子套上去，它那温柔的脸庞就会严肃起来，遇到一点儿地面落差也会停下来，走路时会避免脱离人行道，它的那种一心一意甚至令我感到无比难过。我无法原谅给退休导盲犬套上了绳索的自己，所以用过一次后，就把绳索处理掉了。可是，猫不可能进行这种训练！如果实在想训练，只能去咨询俄罗斯猫咪杂技团的训练师了。

为什么我家的猫那么讨厌水呢？但它却会爬到浴缸的盖子上面去……

有不怕水的猫，我家也有喜欢水的猫。

猫讨厌水并没有统计数据来说明，理由也不明了。猫的故乡是干燥地区，天生就懂得“节约用水”，饮水量要少于居住在沙漠里的动物，因此，猫的尿液也很浓。与之相反，在陆地生活的生物中，人类的饮水量大得超乎寻常。以至于有观点认为在几百万年前，人类生活在水中。所以看到人类那么喜欢玩水，猫也觉得挺奇怪的吧。

尽管狗喜欢水，但在极少数情况下也会害怕水。有一段时期，这种情况被称为“恐水症”，这正是狂犬病的症状。在日本，狂犬病已经根绝了 60 年，我也从未治疗过狂犬病。世界上没有狂犬病的国家其实很少见，如今也有很多人死于狂犬病。不仅是狗，狂犬病也会传染给猫。甚至在美国、加拿大等地也有人类死于传染自猫的狂犬病。从日本的法律来说，我们并没有给猫接种疫苗的义务，但今后必将迎来改变这一想法的时代。虽然我又跑偏了，但这可比猫的沐浴露重要多了，希望大家多多留心观察猫的反常情况。

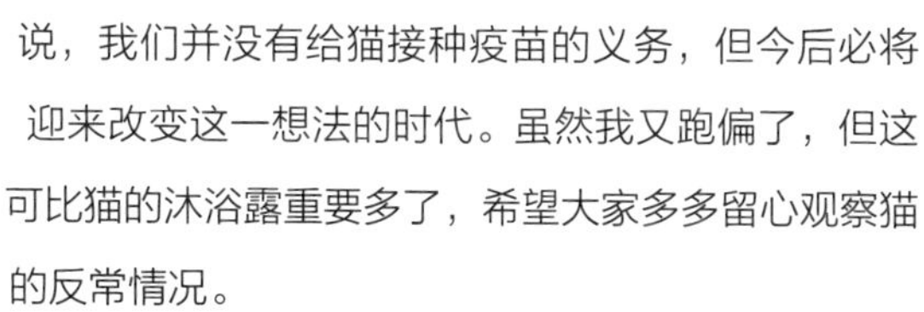

每次看到缩在汽车下面的流浪猫时，总担心它们会不会被轧到着。野生动物又无法教育，有什么办法能让它们意识到那里是个危险的地方呢?

猫不是野生动物，是家畜！

下面几行中含有残忍的内容，胆小的人还是别看为好……虽然有猫在车下被轮胎轧到的惨例，但有时只是骨折而已。然而，如果天气稍微变冷，而车子的发动机舱温度合适，就容易发生悲剧。这是车辆的维修人员告诉我的，有司机启动汽车时没发现幼猫钻进了发动机舱，结果猫被绞进了风扇皮带，瞬间四分五裂。虽然车子能直接行驶，但停车之后，沾有血液和皮毛的风扇皮带会变得如同被黏合剂固定了一般。下一次即使发动引擎，车子也一动不动，送到维修工厂后才弄清楚情况。不过，最近的汽车发动机舱都非常紧密，连手都插不进去，说不定能减少此类悲剧的发生。猫天生喜欢狭窄的空间，不可能像导盲犬一样，训练它们知道汽车的危险性。如此看来，猫只能饲养在室内。

朋友家的猫经常会推我的眼睛，对主人却不会这样做。它是在黏我吗？

您让猫觉得不对劲。

尽管存在着个体偏差，但相对而言，猫很少用爪子去触碰人类的面部。通常，猫会用自己的脸去接触人类的脸。这种行为在英语中用“bump”来表示，但在日语中找不出合适的词来表达。硬要说的话，应该是“頭突き（头槌）”吧。猫在表示友好时，经常会做“头槌”动作。这被解释为，猫在把头部分泌腺分泌的气味蹭到人类身上。

而这只猫之所以会直接用爪子来接触人脸，可能是从上面感觉到了什么不对劲。猫明白人类的眼睛是看东西的感觉器官。证据就是，当人与猫四目相交时，猫会瞬间停下来。有的猫会玩“躲猫猫”也是由于这个原因。猫明白自己正被人盯着，把爪子凑到眼睛上，大概是“别看！”的意思吧。恐怕这位提问者的视线“跟摄像机似的”吧。以猴子为首，与大多数动物相处的诀窍就在于挪开视线。与之接触时，试着别和猫直视吧。或许答案就在其中。

我的猫经常舔木地板，但上面没有掉吃的，打扫时也没用过什么清洗剂。这个行为代表着某种信号吗？

可能就和鹿喜欢舔铁轨一样？

鹿会为了补铁而舔舐铁轨，而这成了日本火车事故的原因之一。最近，为了防止此类事故发生，人们在附近的森林里四处放置了富含铁的砖块。来医院的猫咪中，也有很多喜欢舔舐水泥和墙壁的。这种情况通常被认为是猫有了什么压力，主人需要重新观察猫咪饮食的均衡情况和身体的变化。

不过，与其说是为了补充营养而舔舐，不如说猫可能是为了消除沾在上面的气味而舔舐。比如家里有多只猫时，有一只猫从医院回来了。这时，其他猫可能会上前发出威胁。当然，亦会发生相反的情况：一直不停地舔那只猫的身体。因为在外面染上了不同的气味，所以猫试图消除那个气味。如果认为舔舐的举动是在安慰上了医院的猫，那只是您自己的妄想而已。猫也可能会在主人没有发现的时候，舔舐着其他有气味的地方，所以希望大家注意。

常常看到寻找“迷路猫咪”的启事。为什么养在室内的猫会突然冲出去呢?

知道“高楼综合征”吗?

指的是猫突然从高层公寓等地跳下去的行为。从一楼二楼跳下去倒还好，倘若高度超过了十米，那么猫也无法安全着地。大多数主人都不明白猫为何会某天突然跳出去。日本名古屋还有一种寺庙，可以在里面祈祷丢失的猫平安归来。其实这种事情的解决方法是，绝对要做绝育手术！手术可以大大缩小猫的行动范围。另外就是勤关窗户。我经常听人说，后悔没有关上玄关门，猫直接溜走了。

那么猫丢失了如何是好呢？首先大声呼唤猫的名字！此时最惊慌失措的是猫自己。其次把猫离开的房间一直敞开着，耐心地等它回来。即使在附近搜寻，也得保持平常心，慢慢地来。有时猫会被他人捡到，所以务必要联系附近的宠物医院、警察、保护中心等。也有几个月后找到猫的案例，所以要充满耐心，不要放弃！

对谈 2

猫医生 × 来来猫大和

会把球叼过来的猫，心里都想些什么呢？

有些猫会像狗一样把扔出去的球给捡回来。它们为什么要向主人显摆猎物呢？

捡球的狗和猫不同。

来来猫　我家的八只猫里面，有四只会把扔出去的玩具捡回来。不是捡一次两次就结束了，长的时候会持续近 30 分钟。我记得在畑正宪先生的著作上看到过关于狗的衔取欲望，猫的这个行为又是什么呢？

猫医生　难以说清楚是什么，但和狗的 Retrieve 不同。

来来猫　Retrieve？

猫医生　这个词有取回、恢复的意思。狗有搬运猎物的本能。人类则繁衍了这种本能较为强烈的品种以用作猎犬，如金毛和拉布拉多等寻回犬、贵宾犬等水中捕猎犬。它们都被用于取回猎人击落在水中的鸟类等猎物。顺便一提，塞特猎犬会一动不动地监视猎物，然后飞扑过去，而波音达猎犬会通知猎人猎物的所在地。

来来猫　犬种不同，习性也不同，说明猎犬不全是会把猎物捡回来的狗呢。

猫医生　据说会把猎物捡回来的狗很聪明。

来来猫　这么说，我家的猫很聪明？会捡东西的猫有阿笨、胡笨、阿丸、胡雪，全都是公猫。

猫医生　我家代代都有会捡东西的猫，其中也有雌猫，我想应该和性别没有关系吧。至于聪不聪明呢……我家不聪明的猫也会捡。只能说会捡东西的猫就会去捡，不会捡的始终不会去捡吧。

来来猫　我还以为是公猫特有的习性。那这习性与猫的品种有关系吗？俄罗斯蓝猫之中好像有像狗一样忠诚的。

猫医生　我觉得这和品种应该也没有关系。不过同属于猫科动物的猎豹就另当别论了。印度人从前用猎豹捕猎，猎豹被训练得能把猎物带回来。猎豹聪明，所以做得到，可家猫就不同了。

猫的奇妙讲究。

猫医生　以前有猫会把在外面捉到的青蛙、蛇送到主人身边，但在室内养猫已成风气的现在，可能已经很少听说这种事情了。

来来猫　对。现在常听说的是会把玩具叼过来的猫。我家的猫会趁我睡着时把布偶叼来枕头边。

猫医生　动物学家德斯蒙德·莫里斯（Desmond Morris）在《观猫》（*Cat Watching*）一书中说，会把猎物叼给主人的猫，或许是把主人当成了幼猫。可是，我不认为我家的猫把我当成了孩子。因为它们超级自负啊。一副“我捉到了！”的得瑟神情。

来来猫　我家的四只猫就是这样。

猫医生　我家会捡球的猫，也不是一开始就会捡。只是当初猫叼着球不知所措的时候，我说了句“把它给我”，然后接过了球，重复几次后，它便形成了习惯。

来来猫　不是狗那样的出于本能和欲望。

猫医生　对，不是本能或习性，而是一种学习。有趣的是，我在客厅里吃饭时，把揉成球的纸巾扔地上，猫会把掉到走廊上的纸球捡回来，却对没掉到走廊上的视而不见。

来来猫　我家的也是。跟前的房间和对面的房间明明没有高低落差，只是被划分成了不同的房间而已。那是为什么呢?

猫医生　不懂。

来来猫　太神奇了。

猫医生　还有的猫，如果纸球比平常重上一点儿，它就不肯捡了。我们家叫“乌斯伊诺”的猫就是这样。

来来猫　可能有什么不满意的吧。

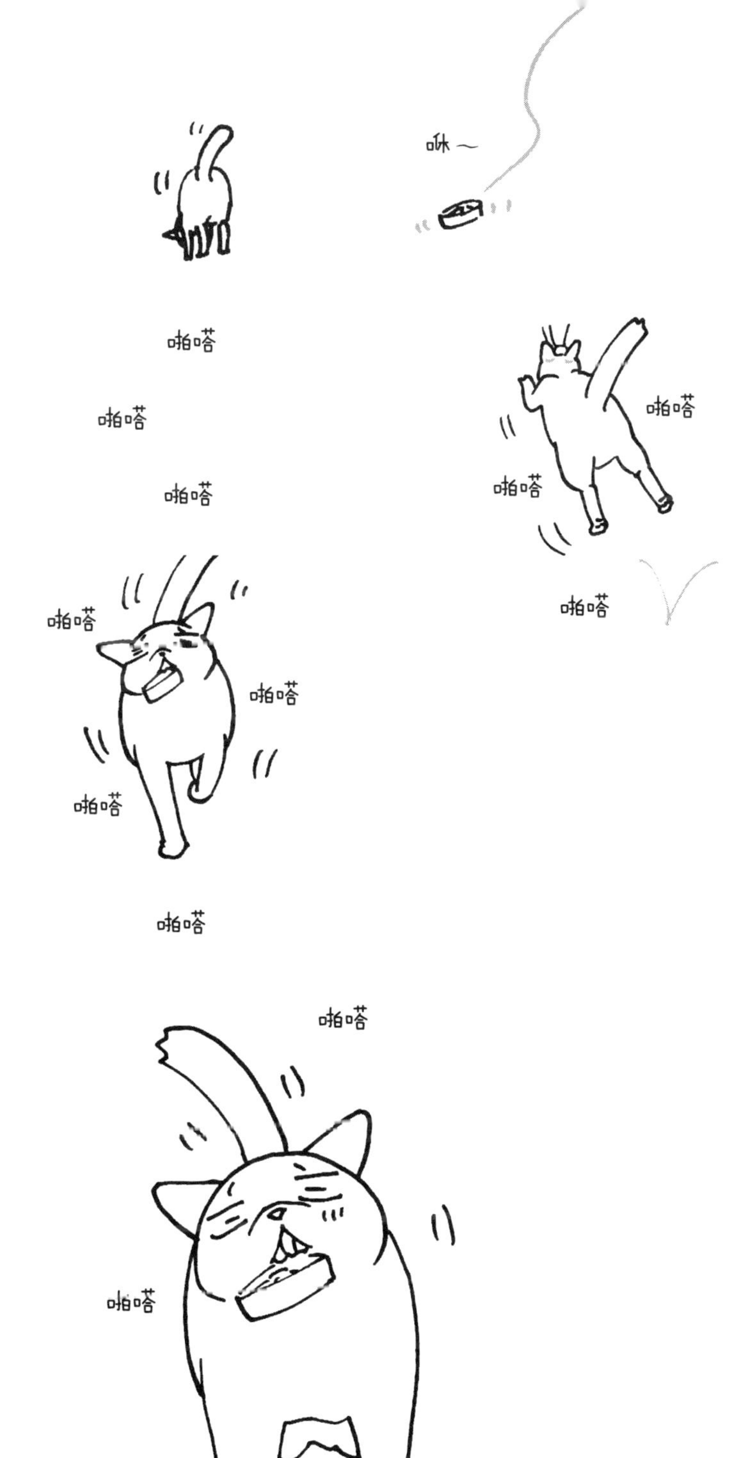

咻～
啪嗒
啪嗒
啪嗒
啪嗒
啪嗒
啪嗒
啪嗒
啪嗒
啪嗒
啪嗒
啪嗒
啪嗒

猫医生　唯一能说的，就是捡东西的习惯在猫年幼活泼的时候更容易养成，毕竟捉到东西了嘛（如同捕到猎物了吧）。

来来猫　养成习惯的猫想捡东西时，会主动把球叼到主人身边来。它会把球放在主人面前，仿佛在要求主人扔球呢。

猫医生　是的，而且时间也基本是固定的。

来来猫　我家猫是晚上 9 点半。一唤名字，就跟等饭吃的狗一样，两眼放光地跑过来。只有这个时间点猫才会过来。有一部拍成了电影的漫画，叫《为什么猫都叫不来》，其实猫是可以叫过来的（笑）。（此处应该说的是，晚上 9 点半叫猫来玩球，它会有回应。）

猫医生　除了玩球以外，我家的猫还有其他好玩的习惯，例如，乌冬每晚都会引导我去卧室。最近，我整晚都睡不好觉，很容易醒过来。当我半夜去客厅看书时，乌冬肯定会跑过来，不时地盯着卧室。一起回卧室时，它会抢先跳上床。要是我先进了被窝，它还会生气地一直待在床底下。

来来猫　猫的习惯真古怪。

聊饮食！

“适当的饭量是多少？”

“猫的营养品有效吗？”

猫保持健康有活力的关键是什么？

一起来认真学习“饮食”吧！

我家的两只猫都特别喜欢猫草，每天都会吃。感觉它们应该吃得很开心，但听说健康的猫不会吃猫草，这让我很是担心。

只要营养均衡，突然停止喂猫草也不要紧。

食肉动物与食草动物的营养摄取方式全然不同。猫是具代表性的食肉动物，能直接消化吸收食物，肠道也短，主人可以轻松完成它的营养管理。牛、兔子等食草动物虽然吃草，却无法直接消化。那它们以什么为营养呢？其实，在某种意义上，它们也在吃“动物”。吃进去的草被肠胃分解，它们是以分解后的微生物为营养的。这样想来，大概就能明白猫并不需要草了吧。

大家也许认为猫吃草是为了缓解压力，但食物营养不均衡也会造成压力，而压力不是喂草就能消除的，一开始就不应该喂草。大多数猫粮都含有碳水化合物和脂肪，猫需要优质的蛋白质，请重新审视一下猫的饮食吧。

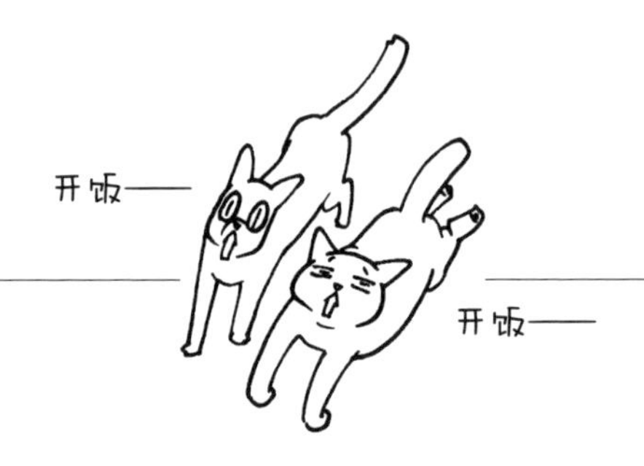

据说猫认为所有人都和自己一样，除了喂食的人。而我就是这个“管饭的”，但如果和它不一样，那我又是什么呢？人气王？

就是个“管饭的”！

猫不像狗，靠吃饭的顺序来决定地位高低。猫不会如忠犬八公那般等你等到天荒地老，要是没有吃的，就去别处找。也有人错以为喂食能提高自己在猫心中的地位，于是在公园等地方撒食物，可这不过是人的自我满足而已。真正的情况是：对猫而言，“谁喂都没差别”。

在泡沫经济时代，“车夫男”“上贡男”等物质优先的男性应运而生（现在可能也是如此……）。但猫不是仅靠物质关系生存，它们是在无形的方面与主人产生联系。其证据便是，每天和我一起睡觉的乌冬等历代“伴睡猫”，我都从未给它们喂过食。哪怕是炎热的夏天，猫也会默默地钻进被窝。希望大家能切实体会到，不是人类选择猫，而是猫选择人类。

猫专用的营养品到底多有用呢？有经常吃营养品的熟人说“效果一半得看心态”。

有真正有效的产品。

营养品基本上属于补充欠缺营养的东西，希望您在使用时把“营养品无法抵消摄取过多营养引起的不良效果”当作前提。最危险的就是营养过多重复了。例如，猫过多摄入脂溶性的维生素 A、D、E 等有患上维生素过剩症的风险。最近的猫粮中含有充足的维生素，千万注意不要让猫重复摄取。

被称为保健品的产品中，有一些是真正有效的。本院也会给猫使用葡聚糖。因为猴头菇对癌症有效，于是人们在进一步的研究中发现了葡聚糖，它能使特定的免疫细胞活化。但必须注意的是，它不能治疗癌症。本院在猫乳腺癌的不同治疗阶段进行观察，发现葡聚糖虽能产生一定的续命效果，却也有毫无作用的时候。因此葡聚糖说不上是药品，毕竟药品必须对所有使用者生效才算数。

营养品的特征在于使用效果不明显。使用者觉得没有效果，将其归之于“错觉”便是这个原因。

不论是猫还是人，都不要因为“对身体好”这种含糊的理由就去使用营养品，而是应该找到合理的理由和需求后再去服用。

养在屋子外面的狗老是把自己的食物分给流浪猫，它们还一起睡在狗屋里。来我家的流浪猫数量一直在增加，感觉不太妙，我可没钱去给它们做绝育手术之类的。

吃剩饭还不足以增加猫的数量吧？

一只猫一年所吃的食物，干粮约 20 千克，罐头则是 80 千克以上。如果野外的猫数量增加，那将需要相当多的食物。应该有除你之外的其他人喂食吧？不负责任地喂食的人总是层出不穷。在任何地方都成了问题。有不少自治组织为猫的绝育手术提供资助，您可以去咨询一番。

不过，最近欧洲有研究数据表明，即使给流浪猫做了绝育手术，其数量依然没有下降。让流浪猫全部绝育很是困难，无论如何都会有几只漏网之鱼。而这些个体又会与其他地区流浪过来的猫进行交配。常有人问：“那要怎么办呢？”答案只有一个，把猫占为己有，完全饲养在室内，除此之外别无他法！所以也希望您能赶紧收养这些猫，让它们进入家门！

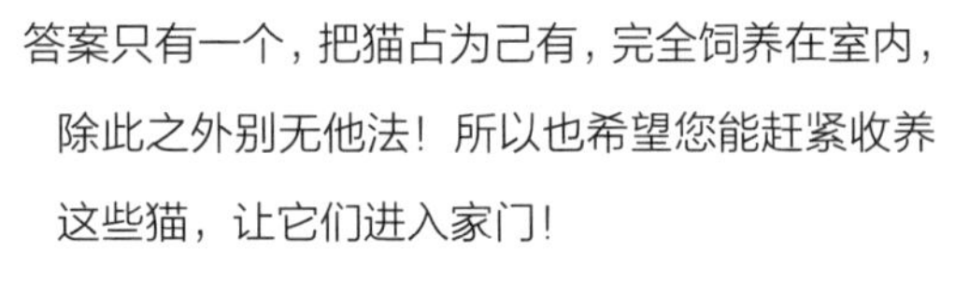

我和一只 10 个月大的雌猫生活在一起，它刚做完绝育手术，身材呈梨形，肚子软乎乎的，这样算肥胖吗？我不知道给它多少食物比较好。

决定食量时，首先要确定基准值。

在 1~3 个月期间，坚持喂固定的分量。其间测量猫的体重，可以的话，也测量一下腰围。用量尺以合适的松紧测量肚脐周围的一圈。如果围得太紧，就像我们测量身体时会把肚子缩进去一样，猫的腰围也会变小。食物基本上什么都可以，但最好选择成分明确，配料变更时也会告知消费者的产品。这样做最主要的原因是，若不了解配料，兽医就无法指导您下次用什么食物了。

诊疗时，兽医会检查猫后背的脂肪以及胸围和腰围间的差距，就算肚子鼓鼓的，也不代表猫很肥胖。既有腹部脂肪多的瘦猫，也有脂肪少的胖猫。关注猫的体重变化，方能确定合适的喂食量。如果猫想吃得更多，就降低猫粮的热量，让猫吃得多一些；如果猫食量小，有体重变轻的倾向，则增加食物的热量。文字无法准确形容出猫的标准体型，还请找兽医进行鉴定。

最近在给猫增加无谷猫粮（没有添加谷物）。我家的猫年纪大，只有一颗肾脏，高碳水化合物的食物会给它的肾脏造成负担吗?

健康的猫需要充足的蛋白质。

对于肾功能不好的猫，过多的蛋白质会造成负担，最好用脂肪等代替来补充热量，市面上有低蛋白的食物作为处方粮出售。不过，对幼猫而言，低蛋白的食物反而会引发问题，所以需要注意。即使只有一颗肾脏，只要功能正常的话，和健康猫吃同样的猫粮应该就可以。

关于肝脏，由于错误信息的传播，有些主人以为“增加进食的次数就能减轻肝脏的负担”。问他们从哪儿听说的，回答几乎都是“在网上”。其实肝功能低下的时候，“不进食会对肝脏造成负担，所以增加喂食次数让猫进食”才是正确做法。希望大家明白，这样做会对健康的猫造成负担。

最近，随着谷物类食物的价格高涨，动物原料的猫粮的竞争力有所上升。我也尝试了几种不含谷物的猫粮，但这种猫粮在日本似乎不怎么受待见，没多久便停卖了。由于贩卖数量不多，所以可能会引起的问题尚未显露出来，但今后应该会有所改良吧。

猫具备和人类一样的味觉吗？另外它会根据情况来改变口味的喜好吗？

根据猫医生的观点，猫的喜好与主人同步！

以前，有位以色列的厨师来过我们医院。给猫开出处方粮时，他说：“这个气味受不了，换成别的吧。”我闻了一下气味，算是猫粮常有的气味，于是我回答：“说不定猫觉得很好吃呢。”他却说：“那我简直进不了家门了！”不过他做的古斯古斯面非常好吃，对他的工作来说嗅觉相当有“话语权”，所以无奈之下我换成了别的处方粮。

我也试吃过猫粮，但无法猜中猫喜欢的口味和香气。不过，我相当讨厌最近新出的某种猫粮，生命中头一次碰到了难闻的猫粮。我这才理解了厨师不想进家门的心情。然而，也有主人说这种猫粮的气味“很香”。而这个人养的猫也吃得很香，我不禁感到惊讶。说不定，主人的嗜好也会影响到猫。然后在一些人身上做过同样的试验后，我发现主人如果觉得猫粮臭，那么他的猫也不喜欢；主人觉得很香的话，他的猫也吃得很香！本问的正确答案应该是，得直接问猫才行。

我捡到了一只 7 周大小的幼猫，身体很小，养了一段时间体重也没怎么增加。请告诉我它一天的食量应该是多少吧。

猫粮热量的表示方法有两种。

体重没有增加，可能是因为患有消耗性疾病，应该先去医院接受检查。书籍上有关于每天所需热量的计算公式，这里暂且不提，不过猫粮包装上注明的热量分为两种类型。一方面，只标注了多少千克猫粮所含热量的是总能量（GE），即食物本身的热量；另一方面，处方粮上标注的是代谢能量（ME）。吃进去的热量减去排泄出来的热量才是猫所需能量的准确数值。可实际上，几乎所有的包装上标注的都是脂肪、蛋白质的热量数值。

这里的问题其实涉及“个体差异”。即便给“同胞兄弟”喂同等分量的食物，体重也会出现差异。7 周左右的幼猫，1 周内增加约 80~100 克的体重便可称之为健康状态。若低于这一水平，则说明食物的分量不够。另外，还有一点需要注意的是温度。低温环境下体重的增加会减缓，影响到生长发育，因此重新确认一下温度吧！

我一个人生活，每天工作到很晚，所以晚餐基本上都是便利店的便当或者超市卖的家常菜。老是吃这种现成的东西，对身体好吗?

你有想过,就食物而言,什么是好,什么是坏吗?

猫粮亦是如此，猫健康的最大敌人是氧化的食物，它是加速老化的原因之一。用于防止氧化的便是抗氧化剂。然而人们发现抗氧化剂也需要警惕，因此使用起来也存在着限制。

现成的食物真的对身体不好吗？单独看牛肉盖饭、家常菜应该没有什么问题。有问题的是食客。通常来说，一直吃同样的食物应该会腻烦，可制作者的努力和钻研占了上风，他们通过绝妙的调味处理让吃者觉得食物很美味。然而，美味其实是某种错觉，无法单纯用数据来表示。

譬如烧烤，大家一起在室外吃会觉得美味，可一个人在家吃同样的食材可能会索然无味！以“麻烦”为借口，失去了对食物的欲望，这才是问题所在，如果身体健康，应该是什么都想吃。这个提问或许得反过来看？正因为本人不健康才有了不健康的饮食生活?

猫医生 × 来来猫大和

猫和主人会产生关联吗?

常说人类夫妻之间，举动和嗜好都会变得相似，猫和主人也能这样心意相通吗?

主人喜欢的味道，猫也会喜欢?

来来猫　我觉得猫和主人是彼此相连的，可真实情况又如何呢?

猫医生　是指变得相似?还是步调一致?

来来猫　比如给猫新食物的时候。打开包装时，我觉得很香的食物，猫也吃得很香，当我嫌弃那个气味时，猫也会嫌弃。

猫医生　可能性之一是，家里的气味与食物的气味相调和，所以才觉得很香。环境带来的影响很大，有的猫在家会吃某种食物，可到宠物医院就不吃了。

另外，主人在挑选猫粮时，会偏向于自己熟悉的味道。金枪鱼味的猫粮比鸡肉味的猫粮更受欢迎的现象，仅出现在日本和意大利。鱼味的猫粮在欧洲国家和美国根本卖不出去。因为主人本身就很少吃鱼。

来来猫　原来如此。另外，猫会想吃主人吃得很香的东西吗？它们会觉得好吃吗？

猫医生　之前我们医院里有只猫喜欢吃腌黄瓜，猫本来不吃这种东西的，所以我觉得挺纳闷的，结果发现，原来这是它主人喜欢吃的东西。虽不知道该不该说是主人的喜好传染给了猫，但我经常看到它吃得很香呢。

来来猫　猫会经常观察主人呢。

猫医生　所以我总是跟主人们说，希望他们觉得给猫提供的食物很美味。

来来猫　我喂食的时候，心里一直想着这个很好吃。而且实际上，猫粮真的很香，看起来很不错。猫原本喜欢的味道和食物是什么样的呢？

猫医生　猫应该喜欢内脏的味道吧。反之，猫觉得最难吃的是里脊肉，捕食鹿的狮子也会留下里脊肉，鸡肉的话，就是鸡胸肉了吧，最乏味的部位。

来来猫　那是我最喜欢的部位，这点和猫正好相反呢。油炸鸡胸肉那么好吃。

猫医生　油炸要用丸八（日本调味制品品牌）的黄金酱汁。

来来猫　除了炸鸡，那种酱汁我也会加在炸虾和可乐饼上，喜欢到每天都吃不腻。不过可能就名古屋人才这样吧……

室温管理是为猫好。

来来猫　除了食物以外，身体状况之间的关联又是怎样的呢？我家的猫容易和我同时便秘。

猫医生　房间的环境是关键因素。会便秘，是因为饮水量不足。是不是容易在昼夜温差大的时候便秘？后面的 Q63 的回答中也有写到，温度日较差大的时候，因消化器官疾病来院的猫也会增加。

来来猫　猫好像很容易受到温度差异的影响，是因为身体娇小吗？

猫医生　没错，身体越小的动物越容易发冷。有没有听说过老鼠怕冷？猫的大小勉强能适应日本的寒暖差。根据伯格曼定律，同一种类的恒温动物住的地方越冷，体型便越大。比如住在北极圈的北极熊身高 2~3 米，而住在东南亚的马来熊身高不到 150 厘米。恒温动物为了维持体温，在热带地区必须释放体内的热度，在寒带地区必须抑制放热。

来来猫　我知道胖的话就不觉得冷，因为我自己就是如此（笑）。去年冬天，阿笨的身体一直不好，虽说我有注意室温的管理，却觉得除非自己变成跟它同样的状态，否则就无法了解它的感受。于是，我穿着半袖在家里度过了整个冬天，但是一点都不冷。

猫医生　皮下脂肪多的话，穿半袖也不会觉得冷吧。

来来猫　就是说啊……

睡姿一样的原因。

猫医生　说起主人与猫的关联，似乎我和自家猫咪的睡姿经常一样。究竟是猫模仿我的睡姿，还是我在模仿猫的睡姿呢？

来来猫　要考虑谁在先的话，感觉要变成先有鸡还是先有蛋的问题了。

猫医生　因为我从过去就没怎么变过睡姿，应该是猫模仿我吧。有人认为，猫叫是在模仿人类说话，我感觉此话确实不假。在宠物医院里我发现，主人是话痨，他的猫也是“话痨”。相比之下，室外的猫就不怎么叫呢。

来来猫　之所以有很多叫声不同的猫，或许是因为它们各自的模仿对象不同吧。我老家的猫的叫声感觉像是“哼——哼——”。的确很像我那经常自言自语的母亲。

猫医生　与其说是模仿声音，不如说是模仿人类开口发声的行为，因为猫的视觉学习能力很强。会在人类的马桶上排便的猫，其实也是在模仿人类的排泄行为。

来来猫　猫一直盯着看？难道主人把厕所门敞开了吗？！

猫医生 以前在电视台工作时，被采访的家庭很得意地说："我家的猫明明没人教，却能自己在厕所里排便。"我觉得很厉害，于是向他们各种打听，这才知道他们家的厕所门一直开着。我们也采访了其他几个类似的家庭，不关厕所门的似乎挺多。

来来猫 比起猫，这个更让我惊讶。

猫医生 我也是。啊，不过视频网站上那些在厕所排便的外国猫，大多是经过训练的。市面上有训练套装用品，把铺有几层猫砂的便盆放在马桶上，一点点减少猫砂分量，让猫逐渐习惯人类的厕所。我的熟人想在日本推广这种用品，但似乎卖不起来。

来来猫 实际上有的猫不用这些，也能通过观察主人行为进行学习呢。不过我觉得如果不是发自内心的喜爱，猫应该也不会模仿主人吧。

聊疾病！

“猫的样子和平时不同？”

主人通过学习，

也能够做好疾病的预防和早期发现。

正因为希望猫保持健康，

所以才要问猫医生关于“疾病”的问题！

家里迎来新猫之后，老猫喜欢上了拔自己尾巴根部的毛。这个毛病能治好吗?

最主要的原因是环境的变化。

猫执着于拔尖尖的叶片、故意拔自身毛发的行为，是由为了方便吃猎物而拔掉猎物毛发的行为转变而来的。饲养在动物园中的小型猫科动物也会做出同样的行为，这时，可以采取猛烈治疗方法——给它们喂带毛的鸡，便能有所改善。

严重时，猫会因为过度舔舐而患上皮肤病，但治疗只能从找原因开始。比如搬家、更改了房间的样子或者是单纯有来客，这些对人类来说稀松平常，但对猫而言却并非如此。主人应先将视角转换 180 度后再尝试找寻原因。某种程度上只要锁定了原因，就便于采取对策。但也有很多找不到原因的案例，有时时间能解决这个问题。

在临床现场，如果发现原因后也没办法解决问题，便会尝试适当地喂药。如消除精神不安的药物、特定的维生素或营养素。这类情况和 Q36 中的异食癖一样，难以找到根本上的改善方法，也许只能依靠耐心和爱心了吧。

马上要满 4 岁的猫有时会发出磨牙似的咯吱声，是因为咬合不好吗?

赶紧去医院就诊!

健康的猫，其上排牙齿和下排牙齿不会发出摩擦声。猫的牙齿虽然有臼齿，但不像人类一般长得像臼的形状，而是十分尖锐的。深处的牙齿也不是为了磨碎食物，而是进化成了专用于咬断食物的牙齿。与猫相比，狗拥有圆圆的臼齿，这被认为是狗从肉食类动物进化成杂食类动物的依据。健康的猫虽说是正中咬合，但只能上下笔直咬合。原则上来说，是不会发出磨牙声的。可能的原因应该是神经疾病或下颚异常等，大多情况下都不单纯是牙齿的问题，所以希望您能带着您的猫去宠物医院仔细检查一番。

猫也会得精神疾病吗？另外，有什么能给猫消除压力的简单方法？

猫也有诸如自虐行为等精神疾病。

人类的精神疾病是依据 DSM[㊀]等统计分析的数据进行诊断的。在社会习惯、常识不同的地区，对疾病的解释会有所不同，版本也会定期变化，所以精神科医生真的很不容易。而猫的精神疾病没有官方数据，因此没有诊断的依据。当出现如咬烂尾巴等肉眼可见的伤害时，才认为有必要进行治疗。和人类以产生社会功能障碍作为诊断基准不同，实际上，猫罹患精神疾病的数量不多。但反过来说，如果不是像人类这样复杂的社会系统，大概也不会存在这类疾病。

另外，不是要消除压力，而是要避免压力。像马、狗这类定期需要一定运动量的动物，假如一直被关在狭小的地方，身体机能也会出现问题。对狗来说，散步不是消除压力的运动，而是作为动物最根本的需要。在这一点上，猫不会因为缺乏运动而出现身体问题。每天重复着平凡的生活，对猫而言，这样压力最小！

㊀ 精神疾病诊断与统计手册。

我家的猫发胖之后，鼾声有点吵，是因为身体哪里不好吗？还有人类也是，打鼾有办法治疗吗？

应该相当胖了吧？

肥胖会使喉咙的气管变窄，我想这应该是首要原因。最近，巴哥等狗类可以通过外科来修正喉咙，猫的话，减肥便足矣！不过，副鼻腔、咽喉如果有脓肿，减肥的方式可就不适用了，还是得去医院！

据猫太太称，最近我好像鼾声很少。原因大概有两个：尽量少喝酒，以及降低枕头。饮酒后，肌肉会变得松弛，所以打鼾在所难免，另外选择适合自己的床上用品还是挺好的。下面这些话可能有些跑题了，但我想起了黑泽明导演、三船敏郎主演的电影《恶汉甜梦》。著名电影《教父》的第一幕之所以是结婚典礼，弗朗西斯·福特·科波拉（Francis Ford Coppola）说就是受该片的影响。而我睡眠变好了，说不定是因为《来来猫》中描绘的“猫医生”形象（很可怕的人），让我给自己施加了心理暗示：自己就像教父一样可怕？！（猫医生可能因为有底气，睡得香了？）睡觉对猫而言是一项工作，希望您能保证猫的优质睡眠。

几个月前，我的猫因为骨盆骨折动了手术，现在虽然完全康复了，但手术时剃毛的位置始终没有长毛。难道就这样不长了吗?

体毛似乎有休眠期。

猫毛的长势不会整年都一样，也会受到身体健康情况的影响，大病之后，生长会变缓慢。譬如，肾上腺异常时如果使用了类固醇，换毛也会变晚。另外新生的毛会变粗糙。时间长的时候甚至得花上半年，但毛发总会长齐的，请耐心地等上一阵子。

每次接受疾病咨询时，很多提问都是关于表面上的异样情况。人自然会先注意到肉眼可见的异常情况，但与骨盆骨折相比，不长毛也许算得上是杞人忧天了吧？在宠物医院里，为了让“患者”不再因肉眼不可见的问题而让主人徒生忧愁，诊疗时也变为采用将那些问题转换成数据的方式。最起码的血液检查等，都是为了把握病症的重要检查。可我认为，先努力利用五感来看病才是兽医的使命。

我养的猫好像中暑了，上吐下泻的。它平时都睡在通风好或者凉快的地方。请告诉我有没有什么办法能在家中帮它解暑，或者是应急处理方式。

勤用温度计检查室温！

对猫来说，最合适的环境温度为 25℃左右，很多猫即使在超过 30℃的环境也平安无事。然而，一旦晚上温度低于 20℃，猫的身体便容易出问题。1 天内最大的温度差在 5℃以内最为理想。问那些说“房间弄得很暖和”的主人“室温多少摄氏度”时，回答不上来的人占了大多数。冷热的基准因人而异，所以希望您能用温度计好好测量一下。

不知从何时起，“中暑”一词成为人们固定使用的词语，但我们业内（日本的）用的都是“不完全蒸散”。这是不耐高温的牛与狗会患上的疾病，谁能想象得到在日本的夏季，起源于热带的猫竟会因中暑而身体不适？出现这种情况时，要先花心思降低猫的体温。在猫的腋下放入冰枕（人类中暑时，降低头部及腋下的温度也似乎很有效），让温度降下来。猫即使觉得热，也不会像狗一样喝凉水，因此降温后再让它进行补水。

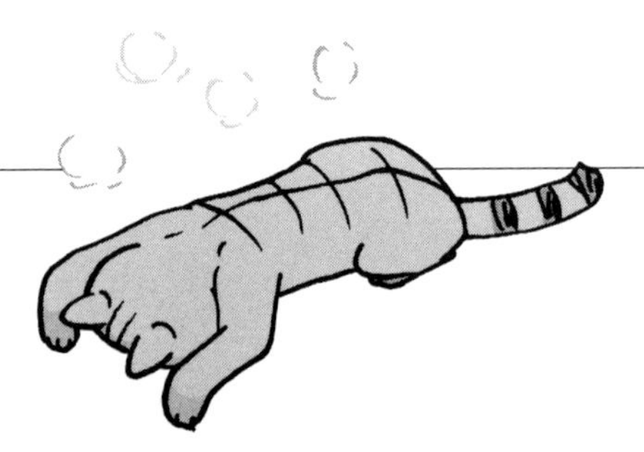

我在流浪猫救援中心担任志愿者。这里的整体面积约 33 米 ^{2}，有 10 个笼子，每个笼子容纳 1~3 只猫，其余的全都散养，一共收留了近 100 只猫。但是有很多猫死于 FIP（猫传染性腹膜炎，Feline Infectious Peritonitis），怎样才能预防感染呢？

密度带来的压力，是各种疾病发作的重要原因。

我就是为了避免这种情况，才一直努力工作，可是动物保护政策的漏洞却影响到了这些方面。一开始，这原本是为了减少行政扑杀数量，才以推进动物保护的名义增加了转让数量。对“杀生”产生盲目过敏反应的团体增加了猫的收养数量，其中，被集中安置的猫的数量急剧增加。遗憾的是，由于病死的猫不被计入扑杀死亡的数量，因此名义上的扑杀数量减少了。可即使猫幸免于扑杀，等待着它们的还有病死。这是日本全国各地都在发生的情况，也是鲜少为公众所知的事实。

应该已经做好“第二类动物管理业”（注：指非营利性的动物饲养、管理，营利性的属于第一类动物管理业）的申报了吧？（在作者出版本书的日文原版书时期，“第二类动物管理业”应处于申报阶段）进行这类活动时，如果一时间收容了大量的猫，就必须向行政部门进行申报，还得尽早为猫找到养主。因为密度带来的压力，是各种疾病发作的重要原因。也有行政部门在拼命改善这种状况，再加把劲吧！

患有猫艾滋病、猫白血病呈阳性的猫应该单独饲养吗？有的医生说“日常生活中不会传染”，但有的医生说“严禁接触”。

双方的意见都是对的。

检查家畜的病毒原本是出于“改良扑杀”（为了预防传染病而处死）的目的。比如，引发马传染性贫血的病毒，与猫的白血病病毒属于同类，如果相应检查结果呈阳性，便会依照相关规定下达“扑杀”指令。

对于猫而言，传染病病毒检查目的是为了通过在繁殖阶段的检查，除去结果呈阳性的猫，保留健康的猫。因此，给确定继续饲养的绝育猫做相关检查一事，如今已引起了争议。正如本问所示，兽医的意见出现了分歧。以下是我的一己之见：作为商品的猫另当别论，但确定继续饲养的猫，我觉得没必要检查病毒。尽管有资料显示群体生活有传染的风险，可如果您不饲养猫，而让它在野外生活，那么等待着它的将是被车轧死等不幸的命运。

虽然会与想在室内饲养多只猫的想法产生冲突，但假如有一只猫结果呈阳性，那么最好还是单独饲养。在自己的承受范围内让猫安享终年。

猫也会中暑吗？我家的布偶猫身上毛茸茸的，却总是一脸若无其事。

猫的皮毛就像夏装一样，所以不要紧。

居住在寒冷地区水畔的动物，如海獭、俄罗斯的紫貂拥有高保温效果的顶级皮毛。与之相反，住在炎热干燥地区的动物的皮毛就没有这些功能了。猫属于其中的代表，因为皮毛不值钱，就没有遭到人类滥捕滥杀，猫才得以作为宠物存活了下来吧。海獭轻而易举就能捕到，且皮毛优质，故而面临濒临灭绝的危机。请保护野生动物，拒绝滥捕滥杀。

扯点题外话，尽管人工材料逐渐取代皮毛，但有些地方可能还是非用皮毛不可。大家知道吗？比如在极寒地区，脸周围的那圈帽子毛。我个人想起了已故的植村直己在极地的戴帽子照片，实际上那圈帽子毛是狼的皮毛。其他材质的毛似乎会因呼出的水蒸气而冻结。我庆幸幸好猫的皮毛没什么用途。不过，长毛和绒毛多的猫都很难熬过近年来的酷暑，因此要特别注意！

好像每到换季的时候，猫的身体也容易出问题。请告诉我有没有什么好办法能让猫精神一点。

关键词是“温度日较差”。

对于没有从事动植物相关工作的人来说，“温度日较差”这个词也许有些陌生，它指的是一天中气温的最高值与最低值之差。季节交替的时候也是“温度日较差”变大的时期，这对所有生物而言都是一种代表性的影响。动物的免疫力容易下降，所以温度管理非常关键！虽然听着有些不靠谱，但若说有什么能为猫增添活力的，大概便是优质的蛋白质了吧。在维持基本的免疫力方面，蛋白质起到了重要的作用。在近期的研究中，蛋白质的质比量更受人重视，因此平日里就得关注食物的选择。

以前的猫粮，同一家厂商会推出不同食材的商品，这是考虑到轮流吃不同食材的猫料时，营养不会出现偏差。但最近的主流猫粮是高级猫粮（并不会有很多食材，但营养价值高）。虽然可以理解主人想给猫提供各种食材的心情，但高营养价值的高级猫粮更让人放心吧。

我养的是只异国短毛猫，一天会分泌好几次眼屎，有什么能减少眼屎的办法吗？

无论猫或狗，短吻品种都有这个问题。

由于泪道发炎分泌眼泪，而眼泪中含有蛋白质，因此形成了“泪痕”。当靠专用药物和眼药无法改善时，请去咨询兽医。环境与饮食的改善固然重要，但仅仅如此还无法解决问题，得一边治疗一边配合改善饮食！

很久以前，我还在从事电视台的广告工作时，当时有个被人评价为“脸扁扁的，一点都不可爱”的品种如今大受欢迎，时代的变化挺有意思的。被称为拥有一张扁脸的波斯猫、异国短毛猫等品种，随着“丑萌”的形容词深入人心，人们对它们的态度也有所改变。这类幼态延续的面庞能使人联想到婴儿的脸，颇受女性欢迎。然而，男性却不认为短吻品种的宠物“可爱”。不过最近的草食系男子（白净清秀的温柔男性）似乎有所不同。

除了接种疫苗，猫的定期检查应该多久一次呢?

定期检查难以发现疾病。

日常的观察才是最重要的，要把握好情况。比方说，大家都会注意到猫“吃得、喝得比平时少”，却容易漏掉“吃得、喝得比平时多”的情况。人们很容易注意到猫的整体体重和尿量减少，从而发现猫可能生病了，却乐观地认为这些方面的数值增加是件好事。另外，“变化”发生得缓慢时，无法与几个月前的状态进行比较。所以，在稍微发生“变化”的阶段及时找兽医看病、咨询非常关键。如果一次不足以让兽医注意到“变化”，那就多去几次，好让兽医了解“变化”过程。

有的主人总是说“要听取其他专家的意见”，于是中途换到别家医院，可医生不了解“过程”，做这种“猜拳”一样的事情也毫无意义。不要在发现猫的“异常”之后，而是在发现“变化”之时，及时带猫上医院吧。毕竟再怎么用电话和邮件解释，兽医也无法完全明白。不是说百闻不如一见吗?

猫的情同障碍是什么？怎么做才能避免呢？

您说的应该是“仪式化行为”吧。

医学用语很容易弄错，需要特别注意！再加上最近，只要和普通孩子稍有不同，就会被强行加上 XX 障碍的病名，如 ADHD[一]、PDD[二]等，因此病名在不断增加。关于“仪式化行为”，30 多年前的兽医杂志将它归属为临床行动学，但我记得当时谁都没有放在心上。那时还没有这个病名（仪式化行为），只是把它当成了重复同一行为的异常现象。像马等动物，人们把它们摇头晃脑、喝空气等重复特定行为的举动称作“癖好”。

虽然动物园里的猫科动物会在同一个地方来回走动，但家猫很少有这样的行为，只会偶尔出现自残身体特定部位的举动。可惜难以查明引起猫这种行为的原因，也很难找到明确的预防方法。与猫共度日常生活时，比起因表面的知识而惴惴不安，不如以珍惜的心情去面对猫才更为重要吧？

㊀ 注意缺陷多动障碍。
㊁ 广泛性发育障碍。

我收养的幼猫右前脚的脚踝弯了，虽然可以走路、跳跃，但好像没有感觉，老是被笼子等东西给卡住。把那里截断会不会更方便它走路呢?

在本院，手术的时机都由主人决定。

没有感觉是因为神经受到了损伤，恐怕无法恢复了吧。对室内饲养的猫而言，三条腿并没有太多不便，因为肿瘤、车祸而截断前腿或后腿也不成问题。尽管我们兽医十分清楚，但初次遇到这种情况的主人都十分不安。先尝试照顾猫的生活，发现其中的辛苦之处后再动手术也为时不晚，但主人依然会觉得猫不自由、很可怜。然而，如果腿部出现了感染情况或老茧，就不能拖延下去了。

我家猫的皮肤溃烂了，被诊断为过敏。医生开了止痒的抗生素，但我想尽量避免用药，所以给它戴了保护罩（伊丽莎白圈），穿了衣服。身为主人还能做什么力所能及的事吗?

抗生素无法治疗过敏，它只是一种杀菌药物!

所以尽管抗生素能防止细菌的二次感染，但没有直接根除病因的效果，可千万别弄错啊。在猫身上，即使是看上去像过敏的皮肤病变，也有可能是传染性腹膜炎等病毒引起的。所谓“百闻不如一见”，疾病的问题必须直接诊断才会明白，尤其是慢性病，若不同时观察药效，便无法制订治疗方案。但如果这样就会偏向于“无药治疗”，有陷入恶性循环的危险。另外，假如您家的猫是过敏体质，那么现阶段的治疗还没有到终点，您只能老实地配合。兽医决不会使用“改善体质”一词。从最近的报告中我们可以得知，猫在出生后的早期若感染特定种类的细菌，可以获得免疫力。为了避免日后过敏，幼时最好适当地接触细菌。但成年后过敏了，主人也就只能学会巧妙应对了吧。

猫医生 × 来来猫大和

有的猫不黏人，这样没事儿吧？

有的人担心猫不黏人，有的人想给猫喂食，还有的人想被猫治愈心灵。要如何应对这些情况才好呢？

家里蹲的猫。

来来猫　现在我家有只寄养了四个月左右的猫，是只 3 岁左右的黑白色雌猫，一点也不黏人。

猫医生　可以摸吗？

来来猫　一对视就龇牙咧嘴，一碰就逃跑，但没有攻击性。到了第三天，我意识到这猫不黏人，所以尽量避免与它发生非必要的接触。过了四个月它还是老样子，圆溜溜的瞳孔几乎闭成了一条线。要怎么办才好呢？

猫医生　不黏人也没什么呀，这样不行吗？

来来猫　不是不行，我担心自己是不是做了什么不好的事。

猫医生　我家现在也有只猫，只会从打开的笼子里出来 30 厘米的距离。

它基本上都蹲在笼子里，虽然偶尔也会出来，但范围绝不会超过 30 厘米。起初我给它取名叫青

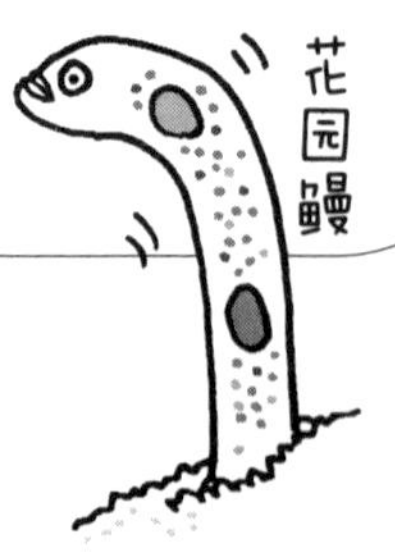

箭鱼，但因为这个原因改名为花园鳗了。

来来猫 （大笑）我家的猫虽说不黏人，但看上去也不是很讨厌如今的生活。虽然无法把它送给别人，但我觉得就有这样的猫，给它提供最低限度的照料应该就可以了吧？

猫医生 况且也无法期待更多吧。我家现在也有不少不黏人的猫，我总是伤痕累累的（抓猫时被挠）。

来来猫 最近新来的猫变多了？

猫医生 医院附近有老人一直给外面的猫喂食，不久前老人好像进了养老院。虽然不知道一共多少只猫，但其中有几只跑来了我们这边的停车场。现在，我正在把食物一点点往医院靠近，试图让它们在院内进食，好抓住它们。

来来猫 您的专栏里也经常提到只顾着给猫喂食的人呢。

猫医生 我想让大家明白，不负责任地喂食会带来多大的麻烦。可是，一说“不要给流浪猫喂食”，有的人就会向环境厅抱怨“太可怜了，不喂会死掉的啊”。

喂食也是关系到猫以外的其他动物的问题。

猫医生 如今，猫咪热潮、猫咪经济学等说法很容易让人以为猫的数量变多了。但与狗不同，没有关于猫的登记制度，所以无法确切统计家里饲养的猫的数量。但是猫粮的发货吨数在增加呢，这里面包含了喂给流浪猫的粮食。现在有所谓的“街猫”吧。

来来猫　说的是日本的地方居民和志愿者一同管理的猫吧，这些人给它们做绝育手术、喂食、安置厕所等。

猫医生　其目的是通过一定时期的管理，以减少该地区的流浪猫数量。目标是在这期间内把猫带回家养或了结其生命，最终让流浪猫数量降低为零。可是有些人将其误以为是在室外继续养猫。还有人以喂食为目的，大老远地跑了过来。名古屋也有好些这类人喂食的地方，猫的数量都“膨胀”了。

来来猫　可以想象得到。

猫医生　就和陷入了动物囤积症的人一样，兽医也无法干涉无责任喂食的人。因此，只能像京都市、和歌山县那样由政府制定法律来制约。我抱着这种想法，多年来坚持对各种人做工作，却难见成效。即使提议让猫也像狗一样“履行接种狂犬疫苗的义务”，也会被人说：“都是出于医生的利益吧。”我深感无能为力。

而且这不光是猫的问题啊。您应该听说过被喂食的熊、猴子、野猪等野生动物伤害人类的事情吧?

来来猫　经常在新闻上看到。

猫医生　给熊、野猪、猴子喂食的人之间没有什么横向联系。所以，哪怕新闻报道了给熊喂食的人遭遇袭击的事件，给其他动物喂食的人也会说：“他们的行为虽然造成了麻烦，但我们没有错。”喂食是全社会都必须思考的切实问题……如果老是说这类话，恐怕会有人说我总是在生气，很可怕吧……

想被猫治愈的人都是骗子？！

猫医生　《来来猫》漫画里出场的我虽被描绘得很可怕，但现实中认识我的人却被两极分化为怕我的和不怕我的两种人呢。

来来猫　是啊。

猫医生　说我可怕的，都是自我欺骗的人，也就是那种委曲求全的人吧。他们在工作中勉强自己、说些违心话，不敢畅所欲言。我既不说谎也不阿谀奉承，说话喜欢直击要害，因此被那些委曲求全的人所惧怕。

国王的耳朵
是哔——
哔——
哔——

来来猫　我明白。

猫医生　说猫治愈的人，也是自我欺骗的人。因为自己在付出，所以渴求被治愈。生活在各种体系中的人恐怕大半都是如此。但是，我活在现实之中，所以没有被治愈的必要。

来来猫　不如说自己是治愈猫的一方。

猫医生　没错。您也是做自己想做的事，并以此为生，所以没什么压力吧？

来来猫　才不是。也有不少要忍受的。

猫医生　看起来倒不像呢。送您一句我的格言：“与其做个温柔的骗子，不如做个苛刻的诚实人！”

聊相处方式！

“对猫过敏，但是想养猫！”

“想去旅行，可以让猫独自在家吗？”

猫医生来为养猫和今后准备养猫的人，

传授人与猫的“相处之道”！

关于给猫玩的瓦楞箱，可以用从超市里弄来的那些吗？考虑到卫生问题，还是买新的比较好？

这种材质不能反复使用，因此不适合长期使用吧。

由于布与纸会吸收水分，所以里面会滋生细菌。大家每天都会清洗自己的内裤吧！请记住这个公式：水分+蛋白质+细菌=不卫生。超市里的免费瓦楞箱之前都被用来装食品等，我想这应该没什么问题，但如果一直用作猫的玩具，就会变得不卫生。

最近，日本似乎有很多以洁癖为卖点的艺人，但我们兽医在公共卫生方面也是专家，不少地方都忍不住想吐槽其中的错误。我感触最深的就是“土”很脏，“水”很干净的成见。可是土也有健康（没有卫生问题）的土，水也有不健康（不卫生）的水。对猫来说，卫生的东西就是能定期清洗的东西。消毒时不要用酒精类的消毒剂，而是用稀释的含氯漂白剂。

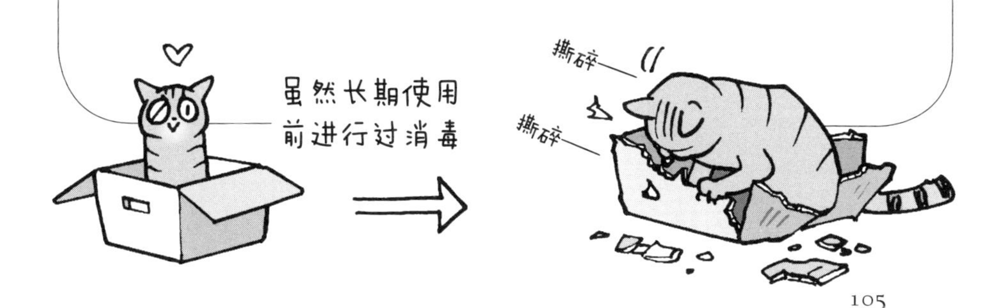

结婚后我离开了老家，但老家里的猫很黏我，我担心自己不在以后，会给它造成精神压力。它能像人类一样，理解我所说的话吗?

“祝您新婚快乐！”这类客套话听了也不一定会高兴吧。

您是不是有所谓的结婚焦虑症？现在内心十分焦虑，进而产生了这种担忧，不过猫咪们没问题的！因为时间能解决一切。在猫的生活中，最重要的是“今日同昨日，明日同今日”，但这却是最难做到的。人类只要正常经营社会生活，肯定会不时发生一定程度的环境变化。这既是一种乐趣，也是一种压力，但不凑巧的是，对猫来说这一点都不快乐，反而纯粹是压力。

猫完全无法理解人类说的话，可是能察觉到人类的心情，它们大概拥有读心的能力。但这次就让它顺其自然吧……听着可能有些不负责任，但顺其自然就可以了。我会不会有点太古板了呢……

我对猫过敏，可是实在很想养猫，有什么解决办法吗？

其实我做过血液检查，结果也显示我对猫过敏。

有很多主人即使对猫过敏，也依然养猫。血液检查查的是血液中的 IgE（免疫球蛋白 E），但这只是个参考值，实际上还无法了解过敏症的全貌。1995 年我拿到了猫的干扰素（抗病毒蛋白质）数据，显示白细胞介素 -4 这种细胞因子与特应性有关联。近年来随着研究的进展，甚至涉及了白细胞介素 -33。虽然科学日新月异，新事物被人们所研究，但关于免疫的谜团仍未完全解开。

根据最近的观点，若儿童时期生活在不卫生的环境中将相对难出现过敏症状。发育期适当的不卫生、避免使用抗生物质，也是为了将来着想。可是对成年人，恐怕只能给出“靠毅力”这种不科学的回答了吧？听说人类能通过汗水排出体内积存的代谢物，以此缓解过敏。奥运选手中也有人是为了改善哮喘而开始运动的，看来运动很重要啊。

我的猫好像很讨厌梳毛，每次都会迅速躲开。有什么办法能让它习惯呢?

给猫梳毛适合用橡胶梳子。

为猫定期除去多余的毛时，橡胶梳子是最合适的工具。金属工具不适合“猫毛”，会把毛给弄断。对于讨厌梳毛的猫，先什么工具都不要使用，练习用手掌从头部慢慢抚摸至尾巴。虽然有不少指导书上写着“一边说话一边抚摸”，但我表示反对！得默默地抚摸！讨厌梳毛的猫，也讨厌人出声哄它。必须用沉默来展现自己的认真才行。等猫习惯之后，再把橡胶梳子悄悄藏在手里，和之前一样地抚摸它，这样就行了。不过在它习惯之前，可能得花上一个星期或一个月吧，说不定会更久。主人得做好心理准备，它无法像幼猫那样在短期内习惯。

顺便一提，橡胶梳子之所以未能在日本普及，是因为在40多年前的某本暹罗猫的饲养指南书上，写着对暹罗猫频繁用橡胶梳子的话，会使其毛色变浅。该书出版后，所有的饲养指南书上都误写为最好不要使用橡胶梳子。似乎就是这个原因。

我收养的猫，现在身边留了四只。请问一栋小二楼最多能养多少只猫呢?

不管房子多大，一户最多养五只。

这是爱猫之人必须遵守的铁则。不能无底线增加猫的数量的原因之一是，猫超过五只后，容易出现问题（互相排挤）。尽管猫不会像狗一样“拉帮结派”地攻击个体，但数量过多时，会有一只处于劣势地位。原因之二是，养一只猫时，它一生所需的费用至少也会超过 90 万日元（将近 6 万元人民币）。数量过多时会加重经济负担，即使现在没问题，如果将来出现什么状况，会酿成束手无策的悲剧。原因之三是，猫的领地范围在绝育手术后会缩得很小，10 $米^2$ 的房间便足够生活，但数量过多的话，卫生环境会急剧恶化。对于猫而言，比起宽敞，干净更重要。

日本各地都在发生养猫数量过多的“动物囤积”的现象。日本是因为缺少法律制约才会出现这种现象的，我希望能尽早推出关于猫的登记制度，让所有的猫都能得到良好的管理。

我要带上14岁的猫一起回老家。路途遥远，要换乘飞机、电车、巴士，得花上一整天的时间。有什么好办法能让它安稳度过长时间的旅途呢？

不是说“别让可爱的猫咪去旅行”吗？

对猫而言，长时间（打个比方就是憋不住小便的时长，8小时以上）的移动是种沉重的负担。本问的情况是最终会直接住在目的地，只有一次移动，所以必须尽善尽美。首先，目的地的收养准备最为重要！猫为了熟悉新环境，会进行各种探索。为防止猫逃走，必须充分检查房间的门窗。如果是老房子的话，我听过猫钻进缝隙的麻烦状况，所以这点也需要注意。要是担忧，可以让猫习惯在笼子里生活后再搬家，到了新家后让猫先住在笼子里，再慢慢地扩大它的活动范围。

那么，回到本问中的问题核心，让猫安稳度过旅途，最重要的一点是温度。移动过程中，笼子内部会因日照而升温，而冬天长时间在外又会令温度降低，因此希望您在笼子里装一个温度计，经常查看。另外飞机运输时对笼子有一定要求，一定要向航空公司确认清楚！猫的14岁相当于人类的76岁。希望您把这当作是与高龄老人的旅行，予以重视。

我每次听到哪里有被抛弃的猫或被杀害的流浪猫时，就觉得人类应该更严肃地对待生命。有必要建立类似“生类怜悯令”的法律吗？（注：“生类怜悯令”是江户幕府第五代将军德川纲吉时期颁布的禁止捕杀动物的法令）

我认为这不是法律的问题，而是教育的问题。

在日本，有关猫的法律内容兽医法、动物保护法等都有涉及。京都市还制定了关于禁止给猫喂食的条例。似乎有人觉得给猫喂食是爱护动物的表现，但希望大家理解，事实上有些人饱受因喂食而聚集的猫的困扰，却无法大声表达意见。而且日本的法律中没有“流浪猫”一项，只有“家猫”和“野生猫（野猫）”。家猫是具备所有权的动物，属于家畜。野生猫是被划为驱除对象的野生动物。正因为人类造成了流浪猫这种不伦不类的存在，才出现了这些问题。

德川纲吉制定处罚吃狗者的法律，与其说是为了救助狗，不如说是为了管制倾奇者㊀，似乎这才是真相。我行我素地晃荡在江户城的街道上的倾奇者令当政者感到为难，于是试图通过禁止他们吃狗肉的习惯来压制他们。其实，如果道德教育良好，或许就不需要法律了。虽然无法单靠法律来约束人们对待动物的方式，但可以通过教育的方式使人们知道生命的重要性。我真想大声说一句：在寻常家庭中普及养动物的习惯非常重要啊！

㊀ 战国时代末期到江户时代初期，一种流行于江户和京都等地的社会风潮。指穿着浮夸，行为脱离常识的人。

我要外出旅行两天一夜，我家的那只猫可以独自在家吗？还是说应该寄养在宠物店之类的地方？

基本来说，猫独自在家的时间以整整一天为好。

如果需要将猫独自留在家中，在春秋等昼夜温差大的时期，需要格外注意！关键在于把一天的温度日较差[1]控制在5℃以内。虽然人们最担心的是猫的饮食情况，但其实猫一天不吃东西也不成问题。另外，猫独自在家最大的难题是上厕所。猫如果长时间忍受猫厕所的脏污，就会出现问题。如果拜托他人打扫猫厕所，需要注意，陌生人突然进屋有时会引起猫恐慌。

与狗相比，猫很少有分离焦虑的情况。简单来说，分离焦虑是指无法独自在家。而把猫寄存在宠物医院等地时，需要的则是让猫习惯。“笼子太狭窄，猫很可怜”的观点是错误的，狭窄的地方能让猫更快地适应新环境，尽早冷静下来。外出时，即使家中无人，也要让环境与自己在家时保持一样。比如一直开着电视或收音机。为了防止摔伤，检查窗户是否关好，维持封闭状态时的空调温度。我说过很多次了，对猫来说最理想的是“今日同昨日，明日同今日”！

---

[1] 参见 Q63。我跟猫主人说温度日较差超过 10℃便会给猫造成压力。当被主人被反问“那 8℃呢？”时，我也无法准确地回答，本院是以温度日较差 5℃为准的。不过，这也因猫的年龄而异。年轻的猫抗压能力相对较强，随着年纪的增长，猫能适应的温差范围也会变小，因此外出时将温度日较差控制在 5℃为宜。

我有一只前几天刚分娩的猫妈妈和三只幼猫。在有猫妈妈的情况下，幼猫应该如何喂养呢?

在猫妈妈停止照料幼猫前，没必要出手!

虽然有人过了 30 岁还在靠父母生活，但猫是不会这样的。根据天性，猫妈妈会抚育幼猫直至它能够独立生存。它不会去照顾没有存活希望的幼猫。大家可能会觉得残忍，但这是动物本身的天性，可以维系种族生存而避免留下不良基因。

哺乳期的猫最容易在断乳时期发生状况，时间大概是在出生后的 3~4 周。由于猫妈妈会处理掉新生幼崽的所有排泄物，所以很难通过粪便的状态及排尿的次数来确定幼猫的健康状况。可一旦进入断乳期，幼猫开始自己进食后，猫妈妈就处理不过来了。因为有危害健康的可能，这一时期必须保证环境卫生。幼猫会在出生后 2 个月之内学会自己上厕所，4 个月时便会慢慢离开猫妈妈。偶尔也有不懂教育孩子的猫妈妈，这时需要人类的帮助，但最好还是尽可能地延长猫妈妈与幼猫在一起的时间。

我家附近有只猫靠各种人的接济活了近 12 年，我想把它接回家里养。若把它完全关在室内喂养，会给它造成精神压力吗?

我家的灰鸡是花了 7 年才捉到的。

灰鸡是附近出了名的猫大王，威风凛凛的。我想了很多办法都没捉到它，最后还是趁它受重伤坐在后门口，我从玄关绕远路到屋后面，强行把它赶进屋里头才捉到的。我用网子把逃窜到洗衣机后面的灰鸡捞起来时，它挣扎的力气大到差点儿弄倒装有水的洗衣机。给它治疗之后，灰鸡成了我家的一员，而且家里原来的猫咪们一点怨言都没有，它在我的宠物中自然而然地获得了上等地位。直到晚年，它都没有试图踏出过家门一次。

我说过很多次，完全的室内饲养不会对猫造成压力。不过在发情时，猫会不惜性命地留下后代，因而会扩大活动范围，不再满足于室内，因此必须给猫做绝育手术。猫的 12 岁，相当于人类的退休年龄，就让它安度晚年吧。

我养的一只猫很喜欢我用它的毛做的球，对其他猫的毛做成的球毫无兴趣，这算自恋吗？我手头不算宽裕，所以没给猫买玩具，幸亏它有这种喜好。

我家的秋姬只玩纸团。

把纸团扔出去后，不管扔多少次秋姬都会捡回来玩。我是不是应该上传视频到网上，显摆一下猫也能做到这样的事呢？有的猫喜欢玩毛球，但恐怕只喜欢自己的毛做的球吧……大概不是因为自恋，而是觉得其他猫的毛很臭。其实人类也一样，只是人类闻不出自己的体味。您闻过那个毛球的味道吗？肯定特别臭。只是您的猫感觉不到自己毛球的气味，所以才会叼着玩。

“我手头不算宽裕，所以没给猫买玩具”这句话倒挺让我在意的！不仅是猫的玩具，其他东西也是，并不是花了钱就一定能买到好东西的，凡事要看用心的程度。与猫一起生活的目的不是为了物质上的满足，而是精神上的，我也是在为了猫的伙食费而努力工作呢。

最近好像有很多人给宠物办葬礼，好像古埃及也有猫墓，人类把宠物看作重要家人的这种想法，古今都是一样的吗?

会想当然地给宠物建墓的，大概只有日本人吧。

我在纽约的时候，看到有人把死掉的猫装进袋子里，带去了宠物医院。昨天还那么疼爱的猫，今天就像去邮局寄东西一样带走了。很可惜，埃及的猫咪木乃伊在欧洲似乎被用作耕田的肥料。不同的死亡动物，处理方式也因国家、宗教各异。例如，在美国好像会把死掉的金鱼冲进厕所，在日本会给金鱼找个墓地，并用冰棍棒作为墓碑。我有个 50 多岁的兽医晚辈，也在饲养的金鱼死掉时去便利店买了冰棍。

但是，我不赞成一直把宠物的死亡挂在心上。办葬礼的目的，是为了告诉自己今后也要努力活下去，以后再迎接新的生命就好了。那位兽医虽然也消沉了一段时间，但后来更换了鱼缸里的水，养了新的金鱼。

市面上有各种猫厕所和猫砂，哪种才是最适合猫的呢？

问猫吧！

猫对厕所的喜好各异，我床铺旁边就摆了四种猫厕所。换言之，对猫来说，我的卧室就是洗手间！厕所的形状和猫砂的种类各不相同，尽量让每只猫在自己喜欢的地方排便。但据说大多数房子都只适合放一个猫厕所，所以来说说选猫砂和厕所的窍门吧。

首先是猫砂的种类，颗粒细而重的猫砂无功无过。虽然不至于建议大家用河沙，但如果可能的话，用不含蛋白质的纸或矿物类材料会比较卫生。其次是生产猫砂的厂商的可靠度，要选择很有可能会一直卖下去的商品。也有主人遇到过这样的麻烦：从前家里一直使用的猫砂生产商倒闭了，虽然找到了新的产品，猫却不喜欢。另外，关于猫厕所的形状，其实没有什么要求，只要猫厕所不是太小就行。太大的话，用水清洗时也会很麻烦。每周用中性清洗剂清洗一次猫厕所，干燥后再换上新的猫砂。猫最嫌弃不干净的厕所了。

感觉老虎、狮子这类凶猛的食肉动物多为猫科。那么可爱的家猫，是不是内心深处也沉睡着争斗的本能?

因为食肉就被说成凶猛，感觉有些不妥吧。

我也给豹子和狼看过病，并没有觉得它们恐怖。最可怕的大概是在牧场里，公羊朝我狂奔过来的情景吧。不论是食肉的还是食草的，繁殖期的动物都会暴露出争斗的本能，会真正地拼上性命。争斗本能的根源应该是雄性激素吧。集体饲养的家畜，大多数都会被做绝育手术。我做代诊医生（给出二次诊断意见的医生）时期的院长也常开玩笑说：“如果也给人类绝育，那就没什么战争了。”

群居动物应该都有凶猛的一面。狮子是猫科动物，也会成群结队，但其他的猫科动物都是独居动物。尽管猫有争斗本能，可一点都不凶猛哦!

我养猫已经 3 年了，最近想养第二只，每天满脑子都想着这件事。我家并不算大，也觉得养一只就很合适了。我应该忍住这个念头吗?

既然有“缘分”，收养就好啦。

很抱歉，这样说不太科学，但我认为“缘分”才是最重要的。不仅是人与人之间的“缘分”，我觉得与猫也是靠“缘分”走到一起的。不要压抑自己，比如朋友捡到了几只幼猫、亲戚家的房顶住了小猫，有这类契机不是挺好的吗？在日本，如果一直等不到良缘，可以尝试去联系都道府县的动物保护中心，纳税人有收养猫的这个权利。即使房屋不大，只要保持清洁，10 米^{2}大的房间也足以饲养两只猫。

全日本有很多正在寻找收养人的猫，但实际情况是，新闻上一介绍消防员救下的猫，就马上有人联系想收养。恐怕人们错以为这是只属于自己的“缘分”，但肯定搞错了什么吧。

最近酷暑难耐，我在考虑要不要买台空调。我住在日本的青森县，虽然这里的人有电风扇就足矣，但是猫会把爪子伸进电风扇的安全罩里，我也就一直没用（电风扇）。有猫被电风扇伤到的情况吗?

电风扇不会让猫觉得凉快哟。

猫基本上讨厌风，所以不会玩电风扇的扇叶。只是电风扇比较轻，出现过猫绊到电线弄倒了电风扇，结果被砸伤的惨剧。人类会觉得吹风凉快，是因为风直接吹在皮肤上，带走了热量。您看，隔着衣服吹电风扇一点也不凉快吧？既然青森县这么热，就豁出去安装空调吧！假如没有冬天，全年都很热，没有温度差的话，可能也就不需要空调了。

比起这个，我更惊讶的是，在青森县居然有需要空调的一天！没想到温室效应严重到了这个地步。故乡在热带的猫应该挺喜欢温室效应的，但纵观全体生物，无法适应的恐怕更多，特别是农作物。今年，我吃了北海道生产的樱桃“佐藤锦”，味道挺不错的。如果北海道形成了山形县一带的气候，那山形县必须推出可以取代樱桃的特产啊，否则就地位不保了。

我家要进行改建，预计施工的噪音会持续两三个月。这期间搬去出租公寓，或者在自家忍受噪音，哪种对猫的影响更小呢?

避难也没什么。

有不少猫都在装修时出现身体问题，也许该考虑搬出去。话虽如此，但恐怕也要考虑预算有限的情况。这里列出装修期间需要注意的三个地方。第一是如何处理噪音。最近的施工大多使用噪音很大的工具（如内部安装了马达的电钻），猫似乎挺害怕那种振动的。有的猫被吓得钻进了洗衣机，结果施工结束前只能寄养在医院，毕竟猫也有听觉过敏的病症。第二是气味。涂料和黏着剂中含有有机溶剂，会散发气味。光是这个气味就能让猫的身体出现问题。即使不是自己家装修，假如邻居家在装修外壁，也有可能引起猫身体出问题的情况。本院十多年前装修外壁时，就有住院的猫食欲不振，为了猫的健康，我只好让主人们换了家医院。第三是防止猫逃跑！猫不熟悉的工人进进出出，而且稍不注意门窗就会一直敞开着。加上环境与往日不同，猫会紧张得冲出家门。只要解决了这三点，就算住在家里也能施工吧。

我每次在收容所的网站主页上看到转让猫狗的消息时，就感觉猫猫狗狗的眼神很是寂寞，我也不由得揪紧了心。我觉得他们应该跟宠物店合作，更积极地寻找领养人。医生您是怎么认为的呢?

现状是供大于求。

猫和狗不同，猫在公园等地被人喂食，繁衍开来，在日本也没有制约的法律。宠物店虽说想为这类收养活动提供帮助，但似乎存在着重视利益的弊端。在日本关于宠物的一切活动或机构都被归为服务行业，道德伦理不怎么起作用（很遗憾，宠物医院好像也属于服务行业）。

与之相对的，有些团体反对动物买卖。或许可以期待未来那些不幸的猫能有所减少，但这种刊登了动物可怜照片的网站主页最好不要看了。心里自然会觉得它们可怜，可大家都是在衡量过自己的能力后，忍住了这些想法。比起这个，我更希望千万别出现因收养了太多猫而造成“动物囤积”的领养人。我个人是一生都无法忘记那些猫咪们的眼神的。

听说有的图书馆会养猫来对付老鼠，总感觉猫会把书给弄破……

这说的是国外吧。

说起俄罗斯圣彼得堡的赫尔米达美术馆，这里虽不是最有名的图书馆，但从叶卡捷琳娜二世时起，就养猫以防老鼠破坏艺术品。几年前，日本 NHK 电视台的《赫尔米达的猫咪们——女皇与猫和名画的奇妙故事》节目中也做过介绍，在那里是用俄罗斯的公共资金来聘请管理员照顾猫的。节目里面还提到战争导致粮食短缺时，猫也会被人吃掉。另外还详细解说了猫现在的生活状况，是个非常不错的节目。

在日本，有专业人员来处理鼠害，大概轮不到猫吧。实际上有个很好玩的数据统计结果，在养猫的家庭和没有养猫的家庭中，老鼠的数量并没什么差别。真可惜，没办法靠猫来驱除老鼠。以前，看到过小学生画的驱除老鼠的启蒙海报，鼠年出生的我心情十分复杂。

有猫会跑到工地里来，不知道是野猫还是家猫。有办法分辨吗？

在这里稍微思考一下动物的所有权。

譬如野鸟、野猪、熊等动物，它们属于谁呢？准确来说它们不属于任何人，但在法律上，它们由管辖土地的政府来管理。那么动物园里的动物呢？动物园花钱买了这些动物，因此动物归动物园所有，但事实上并非都是如此。我想大家应该知道，为了保护珍稀动物，在世界各国携手管理的动物中，大熊猫只允许动物园借用。那么狗、猫、猪、牛呢？它们都是家畜，是必须由个人全权管理的动物。因为人类驯化出了这些动物，所以它们不可能回归野生状态。它们可是人类花了几千年来控制基因的动物！

猫与原始状态相比变化不大，因此人们误以为它们也能在野外生活。然而并不存在真正意义上的“野猫”，在日本的法律上，喂食的人具有这些流浪猫的所有权！不负责任地在室外养猫是有问题的。也就是说，一只流浪猫虽然曾是别人的猫，但当您捡到并向警察申报，一段时间过后，它就会变成您的猫。

前几天第一次去猫咪咖啡厅，那里的客人都很为猫咪着想，我觉得很感动。您是如何看待猫咪咖啡厅的呢？

我不怎么赞成出租、展览等饲养猫的方式。

我凑巧有去过一家有招牌猫的饭馆的经历，所以总觉得猫咪咖啡厅有些不妥。猫是个人所有的动物，如果关心自家的猫，应该就会懂。照顾心爱的动物是件有价值的事情，只顾着看和摸感觉极不负责任。也有人从这类店里领养伤痕累累的猫，这我倒是挺支持的。猫是个人所有的动物，照顾到底才有价值，这不是追求表面光鲜亮丽的事。没错，要体会到生命之重才有意义，我想我们都应该学会负责任。

最让我担心的是，这类店受欢迎倒还好，可要是倒闭了的话，猫咪们会怎样呢？责任不在猫的身上，它们不该承受不幸的命运。希望大家能负责到底，珍视每个生命。

我家附近的黑白色流浪猫最近老是跟在我后面。我现在住的公寓，如果要养宠物，租金就得涨 1 万日元（约 643 元人民币）。虽然生活成本会增加，但我依然觉得这可能是命中注定的缘分。请问，凭一时冲动来做决定会不会太草率了?

既然能感受到缘分，那您应该是个了不起的高尚之人。

话可能有些夸张，如果您是神经质的人格，就根本不会把那只猫放在心上。我总是说，希望大家认为不是主人选择猫，而是猫在选择主人。虽然我不知道租金涨 1 万日元对您的具体影响，但房东有这样的要求肯定是误以为猫会把屋子弄坏吧。房屋修理费自然不容小觑，但也有很多与猫生活的主人能保证房屋完好无损。

与猫共同生活的体验，远不是 1 万日元所能相比的！好事不宜迟，在您看到这个答案前，也许就看不到这只猫了。不过其他有同样遭遇的人，在读到此问的答案后，如果能开始与猫共同生活，我会十分开心的。

自从家里的猫在一年前被我先生吓了很多次以后，只要他一靠近，猫就想要逃跑。有什么办法能让他们重归于好呢？

这是致命的行为！

有必要吓唬猫吗？这是最不该对猫做的事。您先生可能没有恶意，但很遗憾，猫无法理解玩笑，要重归于好十分困难。若想修复关系，自己就不要有任何主动行为。在猫敞开心扉前，可能要花上几周或是几个月，乃至几年的时间才能修复关系。就是说，方法只有像苦行僧一样耐心等候。不仅得行动静悄悄、说话小小声，还要让自己最终变得没有存在感，到了这一瞬间猫就会主动接近人的，因此您先生要多加努力了。

另外，猫把身子靠过来并不代表与人关系好。以前我家的跟踪狂豆鸡就极度讨厌被人触碰身体。它会跟着我走，然后坐在离我约 1 米远的位置。这是生物学距离，双方都可以感到舒适。俗话说，一碗汤的距离是孩子与父母间最合适的距离，或许这也相当于一种生物学距离吧。无论多么喜欢，最好也不要离得太近，这可能既适用于人类之间，也适用于猫与人类之间。

猫会赌博吗?

针对会假动作的猫以及传说能杀死狮子的植物（注：指爪钩草，其日文俗名直译为杀狮草），猫医生与来来猫大和将提出怎样的假说呢?

相信自己的人会去赌博吗?

猫医生 冒昧地问一下，您赌博吗?

来来猫 不呢。

猫医生 我也是。虽然在喜欢赛马和赛艇的熟人的邀请下尝试过，但觉得没什么意思。

来来猫 我没有赌博的欲望，倒不是害怕，而是单纯地不感兴趣。不仅是与金钱相关的赌博，我在任何事情上都不会计较胜负。虽然我觉得这是个缺点，但也不会想去挑战，哪怕是尝试新事物，比如我总是吃同样的食物。

猫医生 您确实是这样呢。

来来猫 人生吃饭的次数有限，与其尝试可能难吃的东西，我更想吃已经确定是很好吃的东西。

猫医生 吃固定食物这点和猫一样呢。但猫除了食物，对待其他的东西都像是在赌博。

来来猫　听天由命的那种吗?

猫医生　Q34 中也略有提及，我在家里和猫玩捉迷藏或挡路游戏时，猫会做假动作。比如假装要从右边跑，实际上是往左边钻，而我看穿了它的假动作，直接从中间突破，就像进行足球比赛一样。看到猫这样子，我不禁觉得“这就是赌博吧”。

来来猫　说到体育，经常有关于沉迷赌博的运动员的报道呢。姑且不说赌不赌钱，我感觉如果不热衷于胜负，就无法在职业运动员的世界存活下去呢。

猫医生　是啊。猫的狩猎或许也可以称为“赌博”。就像钓鱼者选择抛线的地方一样，猫也是先决定今天在哪里监视。

来来猫　狗也是吗?

猫医生　至少在狩猎中不会这样。因为狗是集体做决定。赌博是相信自己，后果自负。和猫在一起时，会不会觉得它和自己很不同呢?

来来猫　会的。

猫医生　我想不同之处就是这点。自从注意到猫有“赌博”的才能后，就一直想把此事写进连载的专栏里，可是却不方便加到对提问的回答中。这次机会难得，我得以在这里详细说一说。

再多说一句。猫是相信自己，能自己做决定，人类也应该如此。可惜因为篇幅的限制，有个

提问这次没办法收录，即“能给我推荐些料理吗”。这里我简短地回答一下，我和别人认为好吃的东西，也许不合提问者的胃口。对我来说，食物美味与否是取决于由谁制作、和谁一起吃的。提问者自己觉得什么好吃、自己做决定才是最重要的。不要依赖什么评价和口碑，主观感受才是关键。

杀狮草（爪钩草）这个名字的由来是?

来来猫 可以说说我从前一直在思考的一个说法吗？过去看过的书上，写到了一种叫杀狮草的非洲野草。杀狮草会结出带刺的果实，通过附着在动物身上来传播种子。当狮子准备舔下挂在身上的果实时，舌头会被扎到，它会因为过度疼痛而食欲不振，最终死亡。于是就有了杀狮草的名字，可我觉得这是假的。

猫医生 为什么?

来来猫 如果会因为口腔刺伤而食欲减退，导致饿死的话，那么除了狮子，豹子、斑马等其他动物应该也是一样的。对当地人而言，口腔痛得足以饿死狮子的情况肯定不足为奇，司空见惯。然后，他们可能把这个原因无故地归咎于杀狮草的果实。真正的原因其实可能是猫科动物的口炎。真相究竟是怎样的呢?

猫医生 家猫的口炎分为由杯状病毒引起的和由其他因素引起的。

来来猫 杯状病毒是每年接种疫苗的对象之一，是猫杯状病毒传染病的病原体病毒吧?

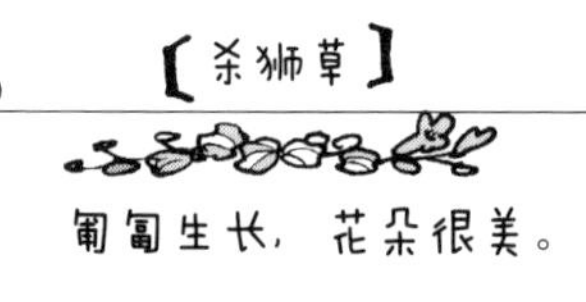

猫医生　没错。所以猫杯状病毒传染病可以通过疫苗来预防。您所说的“猫特有的口炎”，其原因不是杯状病毒，我想应该是指多被称为“顽固性口炎”的口炎，这种免疫疾病会致使口腔内长出嗜酸性肉芽肿。病因至今尚未明确，似乎还要花上很长的时间才能弄清楚，但是在美国有用到了干细胞的治疗方法。在日本则用 iPS 细胞（诱导多能干细胞）来治疗。不过，似乎没见过关于狮子、老虎等大型猫科动物得口炎的研究报告。

来来猫　那么，即使不像家猫那样有多种口炎，它们有没有可能患上杯状病毒引起的口炎呢？

猫医生　日本动物园里的狮子都接种了家猫用的三联疫苗，所以不会感染这种病毒。野生狮子可能会患上杯状病毒导致的口炎，或许像您说的那样，狮子不是死于杀狮草，而是死于杯状病毒感染。

来来猫　果然。

猫医生　不过，毒性强的植物数也数不尽，我想也会有不少动物在吃了这些植物之后，因中毒而口流涎水，一命呜呼。人类也是一样的，比如有在烧烤时因为用夹竹桃的枝条做筷子而身亡的例子。学生时代，我在公共卫生课上学习过动物吃杀狮草的种子后中毒的案例。毕竟在卫生站检查动物是否食物中毒也是兽医的工作。

因此，即使杀狮草会伤害狮子以外的其他动物的口腔，但杀斑马草、杀黑背胡狼草念着不顺口，所以才叫杀狮草的吧？

来来猫　靠语感来决定名字？

猫医生　您不也是因为念着顺口，才取了“来来猫大和”这一笔名吗？

聊铲屎官！

时代造就歌曲，歌曲影响时代。

人类的烦恼千差万别——

从脱发到未来的梦想。

认真解决一切咨询！

猫医生来讲述人生！

自从以医生为榜样，努力过上饮食规律的生活后，感觉身体状况有所好转。我还想增加点肌肉，所以打算开始运动，医生您有在做什么运动吗？

我每天只在梦里慢跑、打网球！

有个熟人医生说剧烈的运动对身体不好，所以我一直避免运动过度。不久前我沉迷于打保龄球。四局保龄球所消耗的热量，相当于慢跑 45 分钟所消耗的。我每周都参加比赛，状态好的时候，平均能击中 190 个球瓶。但可惜的是，我现在没有做任何运动。与猫不同，人类如果不出汗，代谢就不完全，因此为了流汗也应该去做点什么事。

提问者的身体有所好转真是太好了！正是因为身体状况好，人才会有想开始锻炼的心情。就算勉强自己运动，倘若大脑得不到满足，也就无法坚持下去。所以，运动的原因不要是什么“想增加肌肉”，以类似“因为运动快乐”“想和意气相投的朋友一同运动”为动机不是挺好的吗？如此便能在没有心理负担的情况下增加肌肉了。想把腹部弄成《假面骑士》（注：日本的特摄系列影片）中的人物那样的话就另当别论了。如果没有与邪恶做斗争的决心，是无法练就那种身材的。

很神奇的是，在日本保龄球原本也是一种与邪恶做斗争的宗教仪式。

我是名高一的男生，每天早上都会在枕头上看到很多掉落的头发，我总是安慰自己“我们家的猫掉毛也很厉害，没事的！”但内心其实非常忧虑。

忧虑反而容易脱发！

如今有良药可医，您大可不用担心！我的晚辈吃药后头发变茂密了！但是头发的多少其实无所谓吧。雄性激素分泌得好，发量也会变少。尽管拿出自信来，相信自己是个有男子汉气概的人。相反，体毛太多的女性似乎也会十分在意，可我听说体毛多是深情的证明。

很多人都抱有猫很容易掉毛的印象，但长毛品种不怎么掉毛，反而短毛品种挺容易掉毛的。短毛猫与人类不同，一个毛囊里面长了两种体毛，不同的个体，毛的深度也有天壤之别。即使用猫来安慰自己，猫也不会负责的哦！就算没有了头发，受欢迎的人还是照样受欢迎。所以成人之前，努力磨炼自己的男子汉气概吧！

我是个喜欢历史和城堡的高二学生，非常羡慕您就住在名古屋城的附近，家附近有城堡应该很不错吧?

我的小学就修建在七州城的遗址上。

所以每天在上学路上都能欣赏到古石墙。名古屋城曾在空袭中被烧毁，今天的天守阁是昭和时代用钢筋混凝土建造而成。现在本丸御殿也已重建。

如今的城堡似乎正趋向娱乐化（原本其实是军事机构）。猫也是历经历史留存至今的动物。我想江户时代有城堡的地方，应该也有人养猫。与西方曾经以狩猎魔女的名义火烤猫咪相比，日本算是个相对文明的国家。在养蚕的地方，猫以负责捉老鼠而活跃，浮世绘（日本的风俗画）中也有众多猫咪出场。历史教科书是以留在纸上的史实为基础，讲的全都是军事和政治之类的，所以我实在没兴趣读。但进入社会后，我阅读了民俗学背后隐藏的历史，了解到了相关知识。尤其是《猫的民俗学》，我翻来覆去地读了好多遍，与著者大木卓先生直接面谈时也十分开心。如果想接触历史，不要光看网上收集的信息，必须接触直观的资料。去城堡直接触碰当年的石墙，感受历史的沉浮或许是个好主意哦。

我是名高一的女生，将来想从事救死扶伤的工作，可一看到血就觉得恶心，在保健课上看到相关视频时还晕倒过。我这样子可以在医疗现场工作吗？

其实我也害怕。

但只要使命感超过了恐惧感就没有问题了！以前，在今池（名古屋的地名）的巴士站，有只鸽子在我眼前被巴士轧到了，我急忙把它捡了起来，可它还是在我手中咽气了。看到血淋淋的双手后，我瘫倒在地，无法动弹，那时我才第一次意识到，没有穿白大褂的话，我就是个普通大叔。而工作时，我的大脑会开启战斗模式，所以毫不在意血的颜色。提问者如果也能进行这种模式切换的话，我想是完全没有问题的。实际上，全身心投入到手术中时，根本无暇去思考这种事情。

兽医的工作不仅是救助生命，妥善地处理死亡也非常重要。猫衰老而亡时，如果主人说自己陷入了丧失宠物的悲痛状况，那自然是兽医的责任！能帮助主人立刻迎接下一只猫，这才算得上名医。一只猫去世之后，主人又带来了新的猫，正是这种令人喜悦的事情让我的工作得以继续。

东北地区大地震之后，又出现了破纪录的暴雨，我不由得担心起了日本的安危，医生您怎么看呢？

江户时代的饥荒和水灾所造成的危害才更大吧？

可能也是因为现在更容易看到世界各地的新闻了，才会感觉到处都有灾害发生。

书籍《自然真营道》的著者安藤昌益是位思想家。约250年前，他在当年的东北地区（八户）提出的环保、伦理观等方面的看法，至今仍不过时。书中就有关于饥荒的记录。由于无限制地耕种，致使野猪过度繁殖，作物遭到践踏。安藤昌益明白这是人祸，但历史课上却不是这样教的。最近的水灾也是如此，原因虽然归结于破纪录的暴雨，可其中隐藏着人类无法与自然和谐共存的因素。虽然地震另当别论，但包括温室效应在内的一些现象，说明人类的活动对气候变化产生了影响。所以，为了今后也能居住在地球上，人类必须靠自身的智慧与技术来跨越这些障碍。

我的女朋友情绪波动大，会变得歇斯底里。交往四年，我也渐渐明白了她生气的点，可每周还是会惹她生气一次。这样子能过上美满的夫妻生活吗?

特别希望大家提这类问题!

人类是一种会“配合”周围环境的动物。所以邻居买了新的私家车时自己也会想买，朋友买了潮牌鞋子后自己也会想要。虽然没有必要，但依然忍不住与周围作比较。只要自己与众不同就会产生疏远感，这也可能是因为“同辈压力”。这里的平衡一旦被打破，可能会出现歇斯底里的情况。这应该不局限于女性吧?不单是物质上的问题，精神得不到满足也是失衡的原因。

我的答案是“全力以赴地活着”。就像“傻瓜伊万”一样，即使被全世界当成傻瓜，也要拼命地活着，甚至觉得自己手上没水泡就没资格吃饭。倘若你能承担起男人的责任，有保护家人的决心，那就应该能构建起家庭，而与她的情绪波动无关。不要期望什么如诗如画的生活，思考自己能在现实中做到些什么，为此尽到最大的努力，这才是走向美满生活的头号近路吧。别看我说得头头是道，其实也是在与猫的共同生活中领悟到的……

医生是怎样度过年末、年初的呢？除夕我都和奶奶一起做年饭，忙得不可开交。不过每次吃到美味的年饭时，都会深深地庆幸自己是个日本人。

年末、年初我都是在工作。

尽管没有手术安排，但也有主人把打疫苗当作年初的惯例。据说是“因为这一天最难忘记”。既然有人这样说了，我也就执意在正月工作。几年前，一到年末我铁定会感冒。可能是因为没有手术我才放松警惕了吧。所以关于正月真的没有什么美好回忆。

年初的传统中，有个叫福袋的东西，相传它起始于名古屋的百货店“松坂屋”。因此，昭和时代给人留下了这样的印象：新年第一次参拜神社后，大家都提着大袋子漫步。当时既没有便利店，市场也关门了，正月不得不吃年饭，所以出现了“年饭固然好，咖喱味也佳”的广告。然而今天，哪怕是正月的头三天，也能在便利店里找到食物，年饭反倒让人觉得奢侈。我家从前就定好了吃年饭食材的顺序：豆子、小沙丁鱼干、干鲱鱼子。年饭算是我特别希望能传承下去的日本文化吧。

我 83 岁的母亲一个人住在交通不便的地方。最近她非常健忘，所以我想让她搬来家附近住，可是这把年纪搬家会不会对身心造成负担？

关于房子最固执的恐怕就是人类吧？

虽然俗话说“狗黏人，猫黏房”，但我经常会听到一些关于人类的无法靠金钱解决的房屋（土地）问题，如人们因土地所有权起纷争、对搬迁拒绝到底而影响公共施工等。我有个熟人的爱好就是搬家，难道是因为他与游牧民族血缘深厚？我不喜欢搬家，尤其是年纪越大，就越感觉折腾。

我的父母也讨厌搬家。因为无法说服他们，我只得贷款在老宅附近买了间公寓，拜托他们住在里面。双亲去世已十年有余，我现在依然在还那笔贷款。母亲起初说：“我才不住什么公寓。”可过了两年左右，却高兴地说：“既不用给院子除草，还可以隔着对讲门铃拒绝可疑的推销。”常言道“久居为安”，只要不是搬去更麻烦的地方，那么总有办法解决的吧。

铃木医生您在学习兽医学、开始经营医院的时候，有遇到过“恩师”一样的人吗?

开业之时的恩师是已故的桥山悟老师。

从大学时期的老师开始，能够称之为恩师的人有很多……学生时代我就在桥山悟老师的动物医院里工作，几年间获得的经验足以写成一本书了。电影《南极物语》的片尾字幕上也有老师的名字，令我印象最深的是，登山家植村直己先生（已故）和南极越冬队员菊池徹先生（已故）、桥山悟老师共同组建的“极光会”团体，它成了《南极物语》的开端……实际上，我最早是植村直己先生的电影里的工作人员，但制作公司突然倒闭了，后来我就在动物医院里工作，当时我参与的第一部电影是《小猫故事》。

成为猫医生的道路，或许从那时就开始铺垫了。48岁离世的院长桥山悟老师，人生着实跌宕起伏。相比之下我的还平淡得很！我必须好好努力，等到那边与他重逢时，可以有资本拿出来说。

对谈 6

猫医生×来来猫大和

如何增加养猫的人数呢?

在社会上掀起爱猫热潮时，是什么驱使猫医生去写专栏的呢？猫医生又谨遵哪些来自母亲的教诲?

答案无法轻易找到。

来来猫　在筹备出版本书时，借此机会我们得以回顾了过去的问答，其中有不少在外行人看来都觉得无法轻易回答的问题呢。

猫医生　太多了!

来来猫　果然。

猫医生　虽然没有采纳过于含糊的提问和必须实际诊察才能回答的疾病提问，但其他的都努力地回答了。

来来猫　看的时候能深刻体会到。

猫医生　有好多次，就算花一个月查资料、咨询专家也依然找不到明晰的答案。购买的书籍总费用，甚至超过了稿费。

来来猫　前阵子您也和其他老师讨论到了早上。

猫医生　清晨收到传真时，以为总算要弄清楚了，结果那个医生回信说他也不知道。真的有很多就算查了也不明白的东西。前言中也写了，我是因为想告诉大家与猫共同生活的幸福之处，才与这本书“战斗”的。进一步地说，对方不是猫也行。我认为最适合日本生活环境的宠物是猫，所以我选择了猫，可是狗、鱼、鸟什么都行，我想尽可能地让更多的人知道与动物一同生活的优点。

来来猫 书上写着与20世纪90年代相比，养猫的年轻人人数有所下降。

猫医生 养猫狗的人合起来，现在人群占比最多的是60~70岁的人，其次是50~60岁的人。今天的40~50岁的人是不养宠物的一辈呢。他们的下一代更不会养了。

来来猫 感觉孩提时代养过动物的人，成年后也更倾向养动物。

猫医生 是的。宠物死了，不是还可以养新的吗？就像鱼缸空了，去金鱼店买新的金鱼就好了。

来来猫 那是昭和时代的一道风景线呢。记得小时候，几乎所有的家庭中都能看到鱼缸或鸟笼。

猫医生 说到昭和时代，我家也是这样，我住在住宅区，养了金鱼和文鸟。养猫或许也是当时习惯的延伸。实际上，过去有不少人在养鱼和养鸟之后，得心应手了，就养起了猫。但是，今天街上的金鱼店在不断减少，开始养宠物的契机也在减少。

让养宠物的人变成多数派。

猫医生　来我们这儿的“患者”主人中，有不少60岁以上的人说：“这是我养的最后一只猫。”年龄越低，养猫的人就越少，重复养猫的人也不多，这样下去，养猫的人数会越来越少。

来来猫　会逐渐变成少数派呢。

猫医生　在纽约，即使公寓禁养宠物，养的人还是很多。你觉得是为什么呢？

来来猫　不知道……

猫医生　因为养宠物的家庭很多。

来来猫　多数派的声音起到了作用吧。

猫医生　然而在日本，养宠物的人属于少数派。从家庭数量来说，养猫和狗的家庭加起来占据整体的三成左右吧。所以，受灾地区的避难所等地不允许宠物入内。可是，我觉得养宠物的人为此感到愤怒、单方面地主张权利也很奇怪。毕竟应该尊重不养宠物的多数派的意见。就现在（注：2016年左右）来说，养宠物只是少数派的喜好。

神户震灾时，我看到有的宠物主人在私家车内出现了肺血栓栓塞症，于是买了辆巴士一样的车（方便避难时使用）。因为考虑到要承载我家的所有猫咪，还要保证自己和家人的睡觉空间，就必须买一辆大车。结果车子太大，占去了医院停车场的不少空间，几年前已经转让了。

来来猫　为什么养宠物的人不仅没有成为多数派，而且年龄越低养的人就越少呢？

猫医生　可能是年轻人嫌麻烦。养宠物虽然开心，但也不只是开心。

来来猫　确实每天都很辛苦。其他诸如年轻人没有闲钱养宠物，会不会也是原因呢？

猫医生　养宠物和薪水没有相关关系。当然，责任不仅在养宠物的一方，也在兽医和宠物行业的身上。问题出在比起壮大购买宠物的人群，他们以提高营业额为优先。也有些兽医和从业者既没有为让更多人迎接新宠物而工作，也没有努力增加回头客，而是想从养宠物的人身上榨钱。像刚才提到的那些说“这是我养的最后一只猫”的高龄老人，大多花钱如流水，他们就会向这类人群推荐不必要的高额治疗方式、商品。“宠物成了挣钱的工具”已成为现状。

来来猫　您以前说过，兽医的工作接近圣职。

猫医生　母亲留给我的遗言有两句。其一是“你就吸烟到死吧”。意思是这份工作有很多精神上的重压，所以让我一直吸烟以防精神衰弱。在电影《胡佛》（*J. Edgar*）中，莱昂纳多·迪卡普里奥（Leonardo DiCaprio）演绎了首位 FBI 长官的一生。有个场景里主角的母亲说了几乎

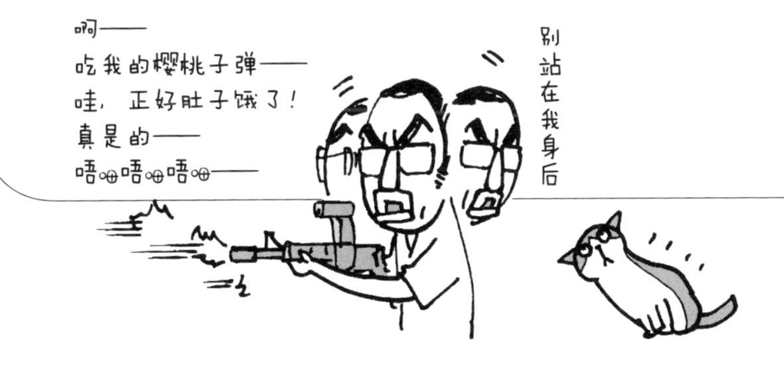

一样的话，这让我无法再淡然旁观，电影看到一半就不看了。其二是“可别得意忘形地开了家大医院啊”。

来来猫　名言啊。可以拍电影了。

猫医生　将来我想拍电影啊。拍部关于兽医狙击手的电影如何？讲的是一个男人杀人不眨眼，却绝不杀害动物。可是，我太话痨了……杀手都得沉默寡言。

来来猫　一边唠叨一边射击的狙击手，创新的形象说不定挺有趣的。

结语 猫是种什么样的动物?

简而言之，是身体的一部分！

43.2 厘米，大家知道这是什么数字吗？答案：这是当人举起手臂时，从头顶到指尖的长度，是由建筑师勒·柯布西耶（Le Corbusier）所测出的数字，表示模度[㊀]这一体系的卷尺上也标有这个数字。看到这个数字的时候，我恍然大悟。猫的长短基本等于人类肘部到指尖长度。我想起给猫穿手术服的时候，把运动衫的袖子剪下来开两个洞就刚刚好。

人类抱猫的时候，内心深处是不是有种仿佛被人拥抱的感觉？猫如此受人喜爱的原因之一，我想就是其身体的尺寸与我们身体的一部分相似。我个人无法赞同“猫就是家人”的观点。感觉“猫是我的右臂”才对。我的意思不是指什么战国武将的左膀右臂，而是“猫可爱到就像我身体的一部分”。

本书能够顺利推出，我发自内心地感谢各位读者、出版社的工作人员以及提供资料的各位老师。我大半辈子都在半径不超过 10 米的范围内度过，无法否认自己是个“井底之蛙”，可是“即使没见过大海，也想知道天有多高”，今后我也会再接再厉的。

猫医生

㊀ 勒·柯布西耶从身高 182.8 厘米的人体尺度与黄金比例中研究出来的建筑基准尺度系统。

铃木真

兽医。1960 年，出生于日本爱知县。

1989 年，在名古屋市的千种区

开设了日本第一家专门的猫诊所“猫医院”。

处理医院业务的同时，

也在继续研究猫的特应性皮炎的治疗。

主要著书有《爱猫人趣话》《爱狗人趣话》（德间文库刊）等。

来来猫大和

漫画家、商业设计师。

1973 年，出生于日本爱知县。

1993 年，从名古屋造型艺术大学短期大学部毕业后，

就职于设计公司。

2006 年，开设了“来来猫大和”的博客。

主要著书有《来来猫》（1~15 部）、

《来来猫番外篇 · 回忆的故事》（角川书店刊）、

《阿仆与小不点》《殿下与老虎》（幻冬舍漫画刊）等。